LuLu's 好孕瑜珈

「產前先修班」

胖公主變身系列2

我懷孕了！
給新手媽咪的一封信

照片提供／嬰兒與母親雜誌

看著驗孕棒上出現的兩條線，我的腦袋一片空白，這跟偶像劇中那些興奮的男女主角，在第一時間內高聲尖叫：「我要當媽媽(爸爸)了！」的畫面完全扯不上一塊。我簡直沒辦法思考，甚至有點呼吸困難，我才剛辦完婚禮四天，好不容易一圓當美麗新娘的夢想，而現在，我居然要當媽媽了?!

冷靜了一天，我終於明白這是上帝給我的禮物，而且是在我生日當天給了我一份大禮，此時我肚中的**小以樂**正漸漸長大中，雖然不是我跟Michael預期的可愛小女生，但他是一個可愛的小泰山，將為我們這個摩登原始家庭帶來新希望。雖然在孕期的過程中有許多的辛苦，但是每當想起肚子裡有我跟我最愛的人的結晶，心中就會充滿無限幸福感，而且滿心期待他的出生，有時還會夢到**小以樂**在吃我的奶，這種幸福感是上帝的恩典，也是每個女人一生中最美好的時光。

除了享受上帝給的禮物之外，我還有另一個神聖任務，就是我進修已久的孕婦瑜珈終於可以派上用場了！不只自己可以練習，還可以把自己的親身經歷分享給其他的準媽媽們，溫和的孕婦瑜珈除了可以增加血液中的含氧量、促進循環及新陳代謝外，還能減少孕期因為需氧量增加而引起的疲倦與呼吸不順。

除此之外，孕婦瑜珈還能燃燒掉多餘的脂肪，並幫助準媽媽找到生產時的正確施力點，簡而言之，就是幫助準媽媽們減輕疼痛、消除水腫、控制體重、順利生產！

我很感謝上帝賜給我這個機會，能把自己的所學著作成一本實用書！也感謝祂賜給我一個愛我的好老公，還有一個正在肚裡踢我的小泰山！

我期待他的出生，同時也希望把我的好孕瑜珈分享給更多的準媽媽，希望妳們都是健康而美麗的孕婦、妳們的寶寶都像天使般的可愛健康。

上帝祝福妳們

Cuby

序

看著驗孕棒上出現的兩條線，我的腦袋一片空白、有點呼吸困難，我才剛辦完婚禮四天耶，好不容易一圓當美麗新娘的夢想，而現在，我居然要當媽媽了?!

chapter 01

跟許多媽咪一樣，我的第一孕期總括來說就是2個字─噁心

就這樣一路噁心的蜜月，雖然身體不適，但在坐了十個多小時的飛機回到台北後，我居然還有力氣把家裡所有的床單、被套及帶出門的衣服全部拆下來、翻出來清洗。這是孕婦的築巢本能……

chapter 02

整個孕期只增加10公斤，我是怎麼做到的!

我的醫生說，為了順產和健康著想，希望整個孕期的體重最好只增加10公斤。天啊，10公斤!這簡直就是「不可能的任務」嘛!

chapter 03

意外跌跤「貓式」保全了肚子

由於這場意外太讓我們受驚，嚇得我趕快喝下急救花精，安撫難以言喻的驚恐，多年勤練瑜珈已讓我練就矯健身手，在這種要命的意外發生時，竟然可以發揮自保功能……

chapter 04

有人會以為那是有錢孕婦才可以享受的等級：穿著昂貴的名牌孕婦裝、吃著珍貴的補品、在高檔時髦的私人俱樂部做運動、產檢也到費用昂貴的診所去做……

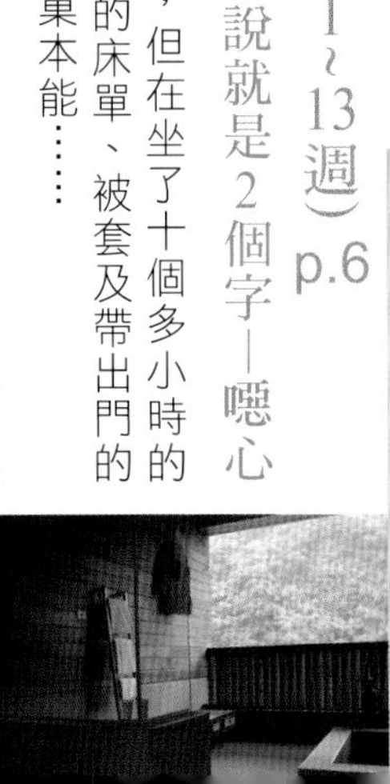

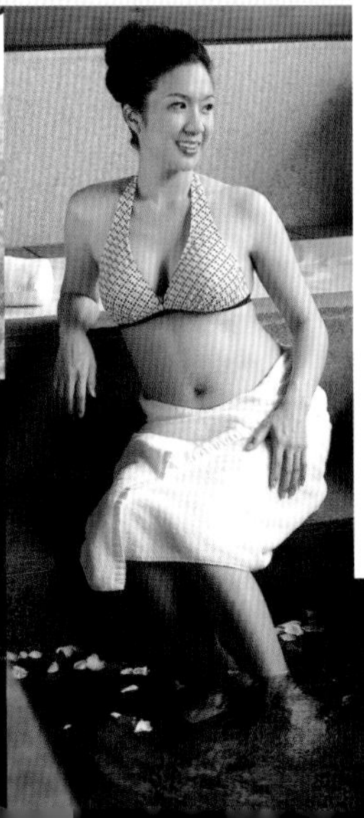

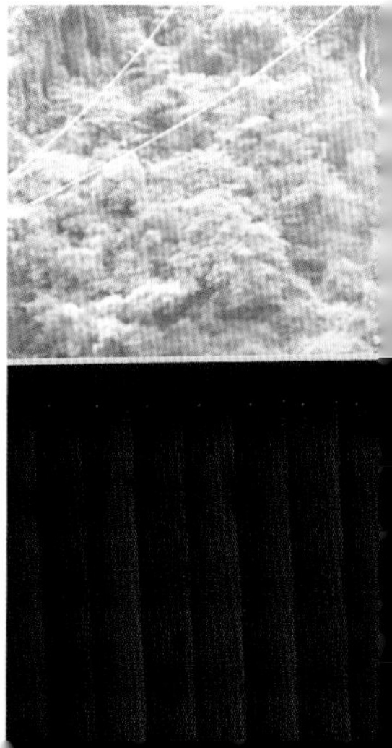

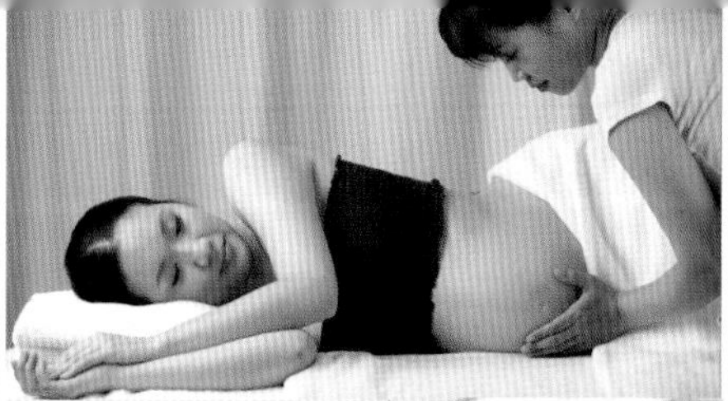

Chapter 1

Lulu的懷孕日誌

****

第一孕期1~16週

照片提供／嬰兒與母親雜誌

懷孕的女人最美麗

自從當了孕婦之後，許多看到我的人，甚至是我瑜珈教室的學生，都會帶著羨慕的語氣跟我說：「妳除了肚子大之外，其他的都沒變耶！」事實上，我除了肚子大之外，我心裡清楚的很，我「當然有」改變。這些改變或許很細微，有些改變，我還是稍加掩飾之後才出來見人，加上我的醫生規定我整個孕期只能胖十公斤，雖然這個規定很難達成，但我整個孕期還是朝著這個目標在奮鬥前進，所以一般人很少察覺到我的改變。

說真的，懷孕之後，我才真正了解懷孕到底是怎麼一回事。以前的我，懷孕的常識跟一般人沒有兩樣，總以為懷孕就是肚子裡有了寶寶，剛開始會噁心想吐，然後肚子漸漸大起來，等到懷胎十個月，寶寶就哇哇生出來。現在我才終於明白，懷孕可不是像連續劇演得那樣，只有簡單的肚子大起來而已，而是身心上面都起了「很大」的變化。

當男人說懷孕的女人最美麗時，我相信很多女人，尤其是懷孕過的女人，都會覺得這不過是哄我們開心的言詞罷了，可是當我自己正走在這條路上，體會到懷孕艱辛的一面，也感受到懷孕的幸福同時，我真的覺得，懷孕的女人最美麗。

所以我在整個孕期裡面，最常穿的衣服就是把整個大肚皮曲線露出來的棉質T恤，哪怕我的腰圍其實比一般正常懷孕週數的腰圍還要大一些些，就是感受到「大肚子」是上天的恩賜，妳將盡一切的努力，就是要讓這個「大球」培育為獨一無二的珍珠。

雖然我覺得懷孕是美麗的，但是懷孕在我身體上造成的改變，有些卻不是那麼美好，但是這些變化全都是為了撫育肚中的小生命，所以我願意打開「身體」說亮話，告訴大家發生在我的身上的變化究竟有多大。

跟許多媽咪一樣，我的第一孕期總括來說就是2個字—噁心

第一次當媽，第一次體會到什麼叫「害喜」的滋味，那種不時翻攪在喉頭的「噁心」，成了揮也揮不走的夢魘。而那竟然還是發生在一輩子一次最浪漫的蜜月期！

身體開始改變

我到過美國好多次，但沒有一次像蜜月時那樣水土不服。

因為懷孕，加州的乾冷讓我的身體好像長了小刺一般；因為懷孕，我臉部毛細孔變大變粗；因為懷孕，原本可以穿出好身材的貼身衣服，現在怎麼穿都不舒服；因為懷孕，原本是最習慣用的保養品，現在統統都不靈光了；更因為懷孕，原本每天必練的瑜珈，現在一動就不舒服…身體告訴我，一切都跟以前不一樣了，非改變不可。

因為冷，我渴望太陽，而且對冬天懷孕的人來說，其實是滿適合多曬太陽，曬太陽讓妳的肌肉放鬆，可以讓身體製造維生素D，是一種很天然的促進鈣質吸收又讓肌肉舒緩的方式。還好陽光正是加州的特產，每天早上都會出來，所以，每天早上起床，我就在陽光照耀處好好地大曬特曬一番。

一面曬太陽，一面配合瑜珈的呼吸，我發現，當全身毛孔好像隨著曬太陽與呼吸的律動完全打開時，身上的小刺感就消失了，害喜的不適也減輕大半。

除了曬太陽與呼吸，我還會使用一些精油，不管是薰香或是抹在皮膚上，天然的優雅木質調氣味，減低了懷孕初期因嗅覺敏感而造成的噁心感。

雖然人在美國，但是我在飲食上的偏好卻是很東方的，懷孕初期胃口不佳，美式過油過鹹的漢堡、薯條、汽水、牛排，我真的是只能給它們說bye－bye了，這個時候的我，最愛喝的是豆漿，最喜歡吃的是日、韓料理，完全符合孕婦需要的清淡又富含蛋白質、多種維生素的營養。

就這樣一路噁心的蜜月，雖然身體不適，但在坐了十個多小時的飛機回到台北後，我居然還有力氣把家裡所有的床單、被套及帶出門的衣服全部拆下來、翻出來清洗。這是孕婦的築巢本能，這也證明，身體的「休息」，是為走更長遠的路，是個一條要走十個月的艱苦道路，而現在，只是開始。

不適症狀一一出現

頻尿、口味改變

懷孕初期一開始，我發覺自己有點頻尿，那是因為子宮開始膨脹，慢慢迫向膀胱，雖然從外表看不出所以然來，但身體的細微改變，只有自己感受最清楚。

還有，妳會覺得乳房有些變大又有些敏感的脹痛，這種感覺很類似「好朋友」要來之前的感覺。再來，妳開始對氣味特別敏感，吃東西的口味也改變不少，有些原本喜歡的食物，現在根本提不起興趣來，那又是因為體內荷爾蒙增加刺激胃部而引起的。

孕吐

造成孕吐的原因是荷爾蒙的刺激，有時再加上反射性胃痙攣的關係，而有所謂的害喜現象。害喜的嚴重程度因人而異，有人很快消失，有人甚至延長至整個孕期，它雖然是懷孕的自然現象，但伴隨著胃部作悶之感，確實教人感到苦惱。

有人的因應之道是吃酸梅，但是我不吃醃製的食品，所以我吃新鮮金桔來讓害喜的胃舒服一點。由於剛懷孕的孕媽咪對很多氣味很敏感，要降低害喜的不適，最好遠離那些會讓妳「作嘔」的食物與氣味。

此外，我還會使用精油來讓自己愉悅一些，把精油抹在太陽穴及耳後，然後聞那種純天然的樸實香味，可以讓我身心放鬆、忘掉不適。有時我也會使用一些純露，滴在水裡喝下去，也可降低害喜的不適。重點是，絕大多數的孕媽咪，在進入孕期的第二階段，害喜的症狀就會慢慢消失，除非嚴重到吐到完全不能進食，已呈脫水狀態，那就非找醫生不可，不過可不要亂吃止吐藥喔！以免影響到腹中寶寶。

LuLu的小法寶

Walnut胡桃花精

這是為了適應變化而設計的處方。當人們對於新環境產生適應問題時，就可以使用這個處方，指引走過適應階段而不至迷失方向。

★用法：滴2滴於水中或飲料中直接飲用即可。花精天然溫和，孕婦、小孩都可使用。

★哪裡買：網路郵購、國外帶回

★價錢：30ml/約750元

辛巴達魔杖滾珠精油

用香脂楊、爪哇香茅、吐魯香脂、粉紅葡萄柚、史密斯尤加利、荷荷芭油調和成充滿異國香味的高效能精油。可改善準媽咪孕期中反胃、頭痛、呼吸不順的不適症狀。

★用法：抹在耳後、肩頸，讓它的香氣隱隱約約地圍繞在身邊。有助呼吸順暢、平心靜氣。

★哪裡買：肯園

★價錢：10ml/600元

辛巴達甘露(純露)

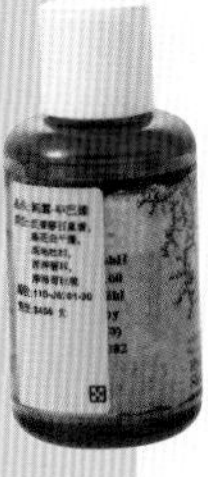

以白千層純露青草味為主，略帶甜味，日常飲用，可減緩懷孕初期想要嘔吐的不適感，也可以增強免疫力，可從懷孕的第一孕期開始飲用。甘露是一種蒸餾水，在用蒸餾法製作精油時，所留下來的植物精質較大的芳香分子，精油的成分很低，對人體來說很溫和又安全。

★用法：可滴1、2滴於水中飲用，也可噴灑擦拭於肌膚任何部位。

★哪裡買：肯園

★價錢：30ml/470元　200ml/1,250元

疲倦

剛懷孕時自己不知道，那時候只覺得每天都好累，哈欠打個不停，而且有那種怎麼睡都睡不夠的感覺。其實疲倦是因為妳的身體正接了一個工程巨大的case，為了完成這個工程，身體正在做勞動付出，所以當然會累。

要解決疲倦沒有其他方法，最好的方法就是「休息」。休息是放慢腳步，不要工作過量，要學會適時喊「停」。懷孕之前，我的工作非常忙碌，簡直到了停不下來的地步，當我知道懷孕後，我每天只列出3項今天要做的事，做完就拿筆劃掉，等到都做完後，其他的事都可以列入「不管」中，否則沒完沒了。要知道，「休息」對孕婦真的很重要，這是走十月長遠路的本錢，很多孕媽咪忽略了這一點，等到肚中寶寶因為妳的休息不夠而出問題時，才知道休息不是偷懶，而是為了健康，但為時已晚。

便秘

懷孕時因黃體素大量分泌，使得平滑肌鬆弛，降低了胃腸蠕動，我發現我也不太能每天上大號，不能每天上大號固然讓我不太舒服，但是我還是盡量勉強自己要養成2天上一次的習慣。

為了上廁所，我的方法除了「多喝水」還是「多喝水」。我要求自己每天至少要喝到1500cc以上的水量。因為水可以維持細胞形態，增加新陳代謝，幫助排出體內廢棄物，使血液保持酸鹼及電解質平衡。所以多喝水可以保證排便順利，有效地防止便秘，以減少痔瘡的發生。

鼻子過敏

懷孕初期，很久沒發生的鼻子過敏就率先來報到。有鼻子過敏的人都知道，犯過敏時那種噴涕打不停、鼻水流滿地，還時時帶著一個紅通通的小丑鼻，說多醜就有多醜，對於愛美的女生來說，真是一種天殺的折磨。加上懷孕，根本不可以服用任何緩解藥物，只能靠自己注意飲食、早晚保暖、遠離過敏原，以減少過敏發生的機會。好在，鼻子過敏的症狀，在我進入懷孕第二期，開始恢復練瑜珈之後就完全消失了。

可怕的出油

除了鼻子過敏，我還發現自己原本烏黑柔亮的秀髮，沒兩三天竟然更烏黑「油」亮，嗚嗚嗚~~我的頭髮真的出油出到快可以煎蛋了！雖然心裡知道這是荷爾蒙分泌加上新陳代謝的影響，導致頭髮容易出油、頭皮屑變多，但頂著一頭「油髮」，還是讓我好困擾。

而市面上一般洗髮精幾乎都含礦物油成分，較不適合易出油的頭髮，最好選含植物油成分的洗髮精，才能達到清爽除油的功效。

會出油的地方還不止頭髮，我發現原本就不太需要擔心的臉部肌膚，現在好像又回到青春期一般，臉上不但長出痘痘，T字部位也常是油油亮亮的。為了這擾人的出油問題，我把我平常習慣用的保養品幾乎全都束之高閣，取代以純植物性的清潔、保養用品。

LuLu的小法寶

uskincare基礎保養化妝包

不含化學成分與人工香料，是一款純天然的化妝保養品，我從第一孕期後期一直用到懷孕中期。

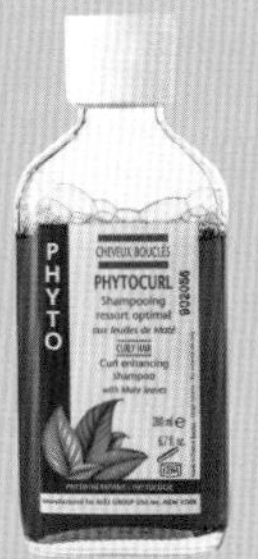

PHYTOCURL shampoo 捲曲洗髮精

植物性洗髮精。對於容易出油的頭皮，洗淨效果佳，很適合孕期皮脂腺發達的人。

控油蜜粉

超級推荐的一款蜜粉，有很好的控油效果，給工作需要常常上妝、且臉部又易出油的孕婦，真是化妝的救星，而且去除暗沉的效果真不是蓋的。化妝時只要基本的打個底，再薄薄撲上一層蜜粉，就可以給妳光彩動人的好氣色。

Chapter 2

Lulu的懷孕日誌

****

第二孕期14~28週

整個孕期只增加10公斤，我怎麼做到的？

我的醫生說，為了順產和健康著想，希望整個孕期的體重最好只增加10公斤。天啊，10公斤！這簡直就是「不可能的任務」嘛！但是，既然醫生這麼要求，一定是有很重要的原因和理由，就算其他孕婦都做不到，我還是很努力往這個方向去規畫我的「產前先修班」，看自己是不是真的能做到！

首先，我身邊有個負責營養和膳食的「寶」，那就是我媽媽。對於孕期要如何補身又不會發胖，媽媽有傳承自阿媽的經驗和智慧；另外，多年努力鑽研的東西，現在都一一派上用場了！我長期研究精油、花精的功效、過去在控制體重上的超級教戰守則，都可以運用在孕期上；最重要的是在美國進修了完整的孕婦瑜珈課程，像一道護身符讓我幾乎克服所有不適、還幫我一直到產前都沒有變形，成功達成了10公斤的承諾！

我是怎麼做到的？看下去就知道！

度

過了噁心的第一孕期，身體終於舒服了，真是可喜可賀！身體雖然舒服了，但是「小泰山」長大的速度，在這一階段卻超乎我想像的快，我的腰背，只有一個字可形容—痠啊！

懷孕這件事，原本一點都不熟，到了這個階段，終於「有點熟」了，原本期待生個女孩兒，但竟然來個「帶把的」，而我也立刻回到現實，心裡還是挺高興的，因為人家不是都說「兒子」是媽咪前輩子的小情人嗎？哈哈。

寶寶著床穩定、噁心不再，臉沒有變胖、手腳還是細細的，肚子也不算太大，穿著寬鬆的衣服時完全看不出來是個孕婦。我的孕婦瑜珈也在這段時間正式開課。經過3個月的混亂，我的生活，終於再度回歸到「正常」。

不再噁心後，食物對我又有吸引力了，一般人都認為孕婦最大，孕婦想吃什麼，身邊的人當然要趕快乖乖去準備，但是，要當一個漂亮媽咪、生一個健康寶寶，懷孕期間的飲食還是要「很節制」。

在我的心中住著一位嚴格的教官，不時地提醒：太肥、太油、太鹹的不要吃！太刺激性的不要吃！醃製的食物不要吃！有殼的海鮮如蝦、蟹不要碰！酒當然不能喝，咖啡、茶也別碰！太冷涼的東西也別吃⋯讓我的體重可以一直控制得很好，生產時才不會太辛苦。

Lulu 營養補充小法寶

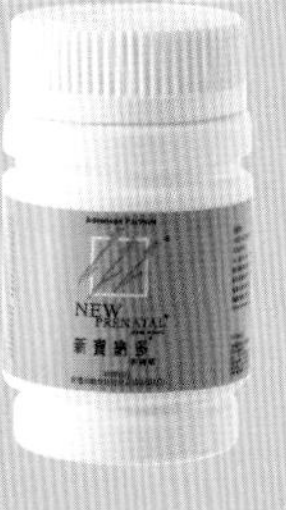

新寶納多

來自婦產科醫生的建議。一天一粒很方便，從懷孕開始就可以補充，但我是第二孕期才吃。

★哪裡買：藥房、藥妝店、網路

★價錢：100顆/650元左右

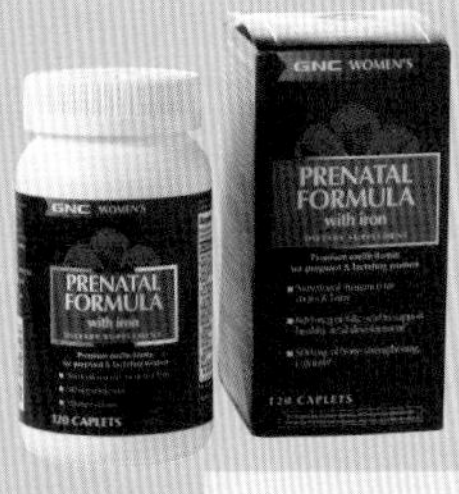

PRENATAL FORMULA(with iron) 婦寶樂食品錠

美國GNC出品。親友推薦，這是從美國帶回來的孕婦維他命，有含鐵與不含鐵2種，每天2粒，也是從懷孕開始就可以補充。

★哪裡買：台灣GNC門市、美國

★價錢：120顆/1350元

Tips

準媽咪其實準備一種綜合維他命就可以了，新寶納多是我的婦產科醫生推薦使用，婦寶樂是我去美國時親友推薦的，兩款都不錯，真心推薦給大家。

身體開始改變

熱啊

進入懷孕第二階段，時值進入夏季，加上懷孕的體溫本來就比較高，這下好了，第二階段的第一大考驗出現了，那就是——熱，對，熱死我了！

熱到我好想吃些冰涼的東西，但是，冰品可是孕婦的大忌啊！不過這樣沒日沒夜的熱，熱到有一天我終於受不了了！我心裡大叫：「我要吃冰淇淋！我要吃冰淇淋，我現在就要吃！」

顧不得一切，我立刻衝到附近的冰淇淋店，一口氣點了2球冰淇淋，終於給我吃到了冰淇淋！但舔了幾口，心裡又有些許罪惡感，所以我只是淺嚐一點解饞，剩下的就送給同事享用了。

還有，懷孕之前我算是「涼」性的體質，不喜歡開冷氣睡覺，只要有電扇外加一些自然風，就可以睡得很舒服。但老公卻完全相反，他是一個天生的「熱」血男兒，超級怕熱，但他總是配合我不開冷氣的習慣，所以常常半夜一身汗地被熱醒，說真的，看他平常工作那麼辛苦，回家來還不能好好睡覺，心裡實在有些過意不去。

現在好了，自從有了小泰山，我的體質也變了，換我一身汗地半夜被熱醒，在邊喊：「好熱！好熱！」的同時，看著一樣被熱醒喊著「好熱！」的老公，我們倆不由自主的哈哈大笑，我們這對夫妻幹嘛這樣自虐？就去開冷氣好好睡覺不就得了！

原來這就是胎動

我是一個新手媽咪，所以胎動是我前所未有的新體驗。我在懷孕20週左右出現胎動，剛開始我不知道那是胎動，以為是腸子在蠕動，怎麼發出咕嚕咕嚕的聲音？等到24週胎動變大、變得更明顯時，我才知道那是寶寶正在我肚子裡快活地游泳，我也在這個時候學會開始跟寶寶對話。

照片提供／嬰兒與母親雜誌

胎動是評斷寶寶是否安好的重要指標，如果肚子安安靜靜的那就糟了，可是在妳工作投入時，或睡得正安穩時，他猛不防一腳踢過來，一拳打過來，多少讓我嚇了好大一跳。

真的，有胎動是很好的，只是需要與寶寶做些「溝通」，當寶寶踢得太厲害時，我會輕輕地拍肚皮，並輕聲安撫他。拍著拍著，妳會發現，他安靜了、睡著了。晚上睡前，我會輕拍肚皮跟他約法三章，要好好睡覺、要好好長大，也要讓媽咪好好睡覺，果然一夜好眠。有時我睡太久，久到寶寶醒了不耐煩，他就會一腳踢醒我，叫我快起床。

雖然寶寶還未出世，但靠著胎動，我發現我居然每天都跟他有所溝通，當我不知道要吃什麼食物時，我會把選擇權交給寶寶，我會問他：你想吃這個、還是那個？寶寶就會在我唸到他想吃食物的時候踢我一下。有時我不知道該先做那一件事好？我又會問寶寶：你想待在家裡、還是去游泳？寶寶就會在他想做的那件事上踢一下做回應，真是屢試不爽，「胎」有靈犀一點「動」！

每個月來一次

蝦米？不是懷孕了就「這個月不會來，下個不會來，每個月都不會來」了嗎？那每個月還來什麼呢？雖

然我總是以平和的心情來面對我的孕期，但我發現「情緒」也是有「週期」的。孕期之初身體太混亂了，我沒有注意到，但進入孕期第二階段，我發現我的情緒竟然會每個月爆發一天。

在爆發那一天，我怎麼樣都不順心，而且還會莫名奇妙的一直哭不停。老公最初也搞不懂，也不太能理解，人好端端的在那裡哭什麼哭？後來他可能還是不能理解，但卻瞭解到這個時候只要安慰我：都是因為懷孕所產生的現象，不要想太多，放輕鬆。我的心情也就好過了。

現在我只要感覺情緒有些容易受到波動，好像這個月「快來了」，我就決定在家不出門，一來避免無謂的火上加油，二來避免無辜的身邊人遭受波及。我想很多準媽媽都有情緒不穩的週期，但她們從未發現過，因為太大的生活與工作壓力，讓她們沒時間去發現。

我曾看過一個主管級的孕婦，突然跑出辦公室，對著沒把事辦好的同事，當場破口大罵，嚇得旁人不但目瞪口呆也心生不快。雖然大家都理解她也同情她，但這種情緒爆發，既不利於肚中寶寶，也有礙身心健康。有了前車之鑑，我決定工作再忙，「每月一來」時還是老老實實待在家，放鬆、看書、聽音樂，假日時也打定主意不工作，全心全意好好養胎。

第二期的不適症狀

陰道分泌物增多

因動情激素影響，使陰道黏膜增殖，子宮頸腺體分泌黏液增加，這雖屬懷孕的正常現象，但陰道的酸度減低，使得細菌容易滋生而產生感染。我的孕期多半在夏天，陰道分泌物增多加上天氣熱，如何避免感染成了一件讓我隨時隨地戒慎恐懼的事。

為了避免陰道遭受感染，貼身的內衣褲最好選擇透氣、棉質的材質。我在初期就已經買好了「阿媽內褲」那種純棉孕婦內褲，這種阿媽內褲雖然看起來土土俗俗的，但穿起來十分舒服。有的孕媽咪會準備很多條，在

陰道分泌物增多時隨時替換，但我每天在外工作忙碌，不時替換內褲有些不便，因此我使用衛生棉墊來處理陰道分泌物增多的問題。

在使用衛生棉墊上，最好也要勤於更換，以免滋生細菌，讓「小妹妹」受到感染而危害到胎兒。「小妹妹」若有搔癢、灼熱、疼痛產生，或分泌物有異味或顏色時，應就醫診治。

靜脈曲張

因為肚子長大造成骨盆壓力，而形成下肢或外陰部的靜脈曲張，如果不是工作上需要久站，平常時最好不要站太久，坐下來的時候也切記不要盤腿而坐，這些都會讓血液循環更不良，靜脈曲張的狀況更嚴重。

要防止靜脈曲張就得有效地控制體重，胖得太快，靜脈曲張的出現速度也快。如果常常需久站的孕媽咪，最好準備合身的彈性襪，而且要在起床前抬高雙腿穿上，使血液沒有機會聚積在靜脈內；脫襪時應抬高雙腿至少十分鐘。平時久站最好可以動動雙腳，並找機會將腿抬高休息。至於外陰部的靜脈曲張，可在睡覺時在臀部下放一個軟墊或枕頭，或使用護墊輕壓患部，改善不適的狀況。

每天晚上洗完澡後，孕媽咪最好花十五分鐘做些按摩，配合著塗抹妊娠霜，按摩肚皮四周及疲累的雙腿雙腳，讓血液循環暢通，可防止靜脈曲張出現。

痔瘡

痔瘡的形成與靜脈曲張類似，都是因為漸漸增大的子宮，阻礙肛門附近的血液回流，使得靜脈腫脹而形成，伴隨著搔癢、疼痛，有時還會輕微出血，的確讓孕媽咪如廁時心生恐懼。

預防痔瘡最好的方法就是要養成定時排便的習慣，不要便秘。而預防便秘最好的方法就是多喝水、多吃富含纖維質的食物。我在懷孕初期有出現輕微便秘的情況，但我在懷孕接近第三期後，每天晚上都吃水果，赫然發現，補充水果竟然可以讓我每天都順利排便，改善了便秘的狀況。

有些水果含糖分高，對於控制體重稍有影響，所以我在選擇水果上以低糖份、高纖維為主，如蘋果、柳橙、桃子、芭樂、葡萄柚等，對於香蕉、鳳梨、西瓜、葡萄等甜度高的水果，我用「眼睛吃」就好了。

妊娠紋

這是孕媽咪最擔心的地方，就怕生完孩子肚子也花了。原本平坦的小腹，脹大成一個大西瓜，因為皮膚過度緊繃，以致皮下組織斷裂而形成妊娠紋，看起來紅紅紫紫的條紋，真的滿嚇人的。這些妊娠紋在生完孩子之後不會消失，但是顏色會變成銀白色，有人視為這是光榮的標記，不過對於愛美的媽咪總是很遺憾。

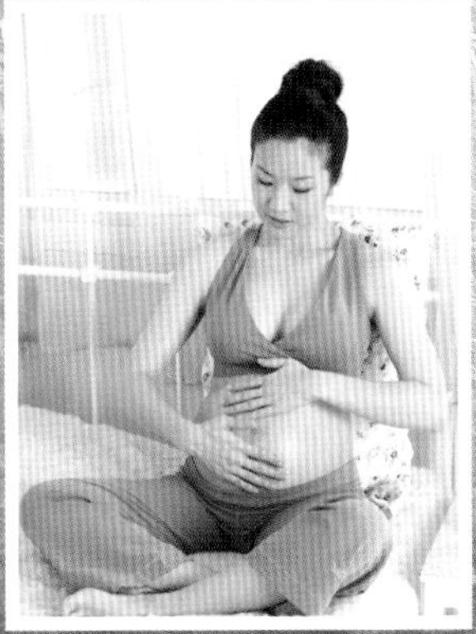

妊娠紋的產生有一部分跟遺傳體質有關，如果妳的媽咪沒有，那妳很可能就不會出現，不過事在人為，預防總是重於治療，要妊娠紋不要出現，首先要控制體重，讓肚子不要大得太快、太猛，讓皮膚的彈性無法追趕。再來，在懷孕的初期就要開始擦妊娠霜，以增加皮膚的營養與彈性，千萬不要等到妊娠紋出現再擦，那時就完全來不及了。

當妊娠紋出現時，皮膚會伴隨著出現乾澀、搔癢的症狀，雖然妊娠紋已出現，但還是要每天早晚要給肚子「上油」按摩，以減輕這種肌膚的不適感。

LuLu的小法寶

SUNDARI金星身體乳液

利用金星能量導引內心世界的愛的力量，內含雷公根讓肌膚緊實、光滑。夏威夷核果、甜杏仁油及葡萄子油給予肌膚長效濕潤。準媽咪用來抹妊娠紋，滋養度一極棒。

★哪裡買：

網址：www.sundari.com.tw

★價錢：150ml/1800元

SUNDARI
雷公根身體乳液

很多朋友知道我懷孕後，送我許多妊娠霜，但我還是偏愛這一款。它的味道真是「純天然」的好聞，非常非常淡的青草味，聞起來超舒服。含有雷公根、玫瑰果油、薑油，很滋潤又不顯得太油膩，除了抹肚子還可抹全身。

★哪裡買：

網址：www.sundari.com.tw

★價錢：150ml/1800元

SUNDARI木星保溼身體油

利用木星能量導引面對困境及釋放壓力的能力，蓮花油具平靜心靈及皮膚的能力；雷公根讓肌膚緊實；椰子油混合金盞花有超強保水作用。

★哪裡買：網址：www.sundari.com.tw

★價錢：150ml/1800元

腰痠背痛

懷孕最常見的就是腰背的疼痛。膨大的腹部，改變了脊椎曲度及受力方向，懷孕期的荷爾蒙影響，使骨盆關節鬆弛、軟化，以方便寶寶日後可以順利出生，而這些都是讓孕媽咪腰痠背痛的原因。

要減緩腰背的不適，還是要從控制體重開始，得宜的體重控制，讓妳的腰背承受力不至於太「沉重」。保持正確的姿勢，也可減緩腰背負擔，站時重心應在大腿，將腰部上縮；坐時重心應在臀部，腰部內縮，背盡量靠在椅背上，並在腰後放個枕頭或軟墊。平時孕媽咪最好穿平底鞋，盡量不要提重物，以保持良好姿勢和降低腳踝扭傷的機會。

因為我的寶寶體型比一般同週數的寶寶來得大，所以我在懷孕4個月的時候就感受到脊背沉重的壓力，所以我開始使用托腹帶來支持腹部，以減輕背部用力過度。

此外，孕媽咪還需要進行一些適度的運動，來增強腹肌、減輕背部疼痛及促進血液循環。游泳、瑜珈都是對孕媽咪很好的運動。尤其在懷孕中期，瑜珈的延展、呼吸動作，對於孕媽咪舒緩背部及鍛鍊下盤力量有很好的效果，本書將在「孕婦瑜珈篇」中介紹33種最有效的瑜珈招式。

LuLu的小法寶

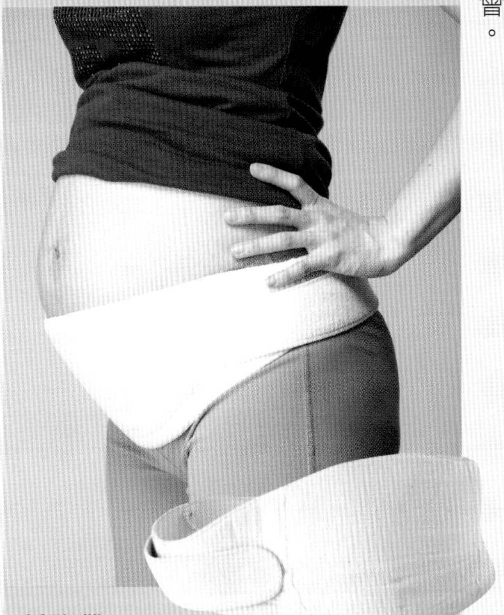

托腹帶

隨著「球形」日漸壯大，這是「帶球走」的必備用品。托腹帶可以給腹壁外在的支撐、安定胎位、預防子宮下垂並減輕恥骨的壓迫。購買時，最好選擇穿脫方便、吸汗、透氣、棉質而且可隨肚子大小彈性調整的托腹帶為佳。如果是在夏天懷孕的準媽咪，最好多準備兩條以供換洗。

★哪裡買：婦幼用品店、嬰童用品店、百貨公司、網路

★價錢：400~2000元左右

熱敷袋

懷孕的大肚子，往往造成媽咪背部肌肉緊繃且疼痛，這時可用熱敷袋，熱敷整個背部，可以放鬆肌肉、減緩疼痛。尤其在睡前熱敷一下，可以睡得更香甜。

★哪裡買：藥妝店、藥房、網路

★價錢：200元左右

胸部up up

懷孕讓許多女性感到最高興的事情，大概就是胸部會變大吧！沒錯，我在懷孕初期就已經感受到ㄋㄟㄋㄟ開始慢慢脹大，不時還會感受到輕微的疼痛，有時甚至摸起來有點腫塊的感覺，這是乳腺發達，加上荷爾蒙分泌增加之故。但是，事情總有兩面，伴隨著ㄋㄟㄋㄟ的長大，我發現乳頭的顏色也開始慢慢變深，ㄋㄟㄋㄟ周圍的血管也愈來愈明顯，離一般人希望ㄋㄟㄋㄟ變大，但是乳頭維持粉紅色澤的理想有很大的差距。

接近6個月的時候，我幾乎已經升級了一個半罩杯，ㄋㄟㄋㄟ的腫脹感有增無減，慢慢可以體會到波霸女生所負擔的壓力，還真是有點沉重。原本穿的胸罩尺寸早就不合穿了，所以我換成了孕婦專用的內衣，這種內衣可以整個包覆住ㄋㄟㄋㄟ，還能有效支撐ㄋㄟㄋㄟ底部及側邊，生完貝比以後，還可以當哺乳胸罩使用，雖然看起來很像阿媽的內衣，不過穿起來真的超舒服的。

孕婦胸罩(六甲村)

胸罩的布料最好選擇吸汗、舒適、具伸縮性的材質，到了懷孕末期，可選擇前開式的胸罩，等寶寶生出來後還可當哺乳胸罩使用。

★哪裡買：孕婦用品專賣店、嬰童用品店、網路

我也有副乳

我從來不知道自己有副乳，但在懷孕4個月之後，我發現我的副乳居然也因為胸部變大而跑出來了，而且仔細一看，左右腋下2邊還各有1粒小小黑黑的乳頭呢！

有副乳已經夠悲慘了，竟然還長乳頭?!誰需要那麼多乳頭啊？真是氣死人了！

其實，平常外表沒有明顯副乳的人，別以為自己就沒有副乳，有些人可能只是脂肪比較少，所以沒有顯現出來。聽醫生說，女人先天身上都有副乳的乳腺組織，只是自己不知道而已，等到發現的時候，通常是在懷孕期，因為懷孕會刺激乳腺，使胸部較腫脹，這時副乳才會明顯的被察覺。平常副乳在腋下的部位，會長到半個乒乓球大小，脂肪囤積時，可能會更大。

更尷尬的還在後面，後來副乳居然還變成深咖啡色，這下叫我在酷熱的夏天裡如何穿比較清涼的衣服呢？好在心湄姊送了我一個腋下遮瑕膏，每當穿露背裝或無袖上衣時，我就將遮瑕膏在腋下輕抹一下，不但遮掩副乳，還有止汗功能，然後才能乾爽出門去見人。

Final Deo腋下遮瑕膏

可用於腋下出汗或穿露背裝時腋下遮瑕用。

★哪裡買：這罐是心湄姊姊送的感恩牌。不過一般藥妝店與台隆手創館據說有類似的產品。

妊娠線出現

懷孕進入第二階段，拜黑色素沉澱之賜，肚子中間的妊娠線已經隱隱約約的跑出來了，嗯，看起來還滿直的。我聽說有些孕媽咪的妊娠線到了肚子那邊會轉彎，還有人拿妊娠線到心口的距離，來預測肚子裡的寶寶是男是女。多虧了現代科技的進步，想知道寶寶的性別只要照超音波就可以，免除了孕媽咪整天疑神疑鬼的猜測了。

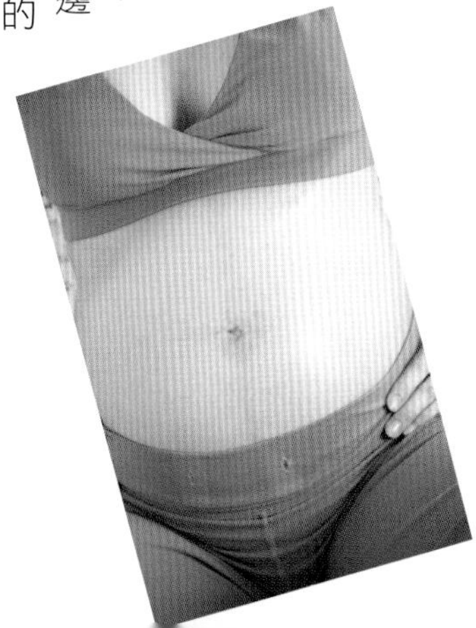

長出小毛毛

在發現妊娠線的同時，我發現肚皮上還長出了一些細微的小毛毛，這些小毛毛看起來很細，但還滿長的，就好像剛出生小嬰兒身上的胎毛一樣，這想必又是荷爾蒙的影響。就跟妊娠線一樣，有人說肚皮長毛會生妹妹，可是我卻懷的卻是弟弟，可見姑且聽之就好。

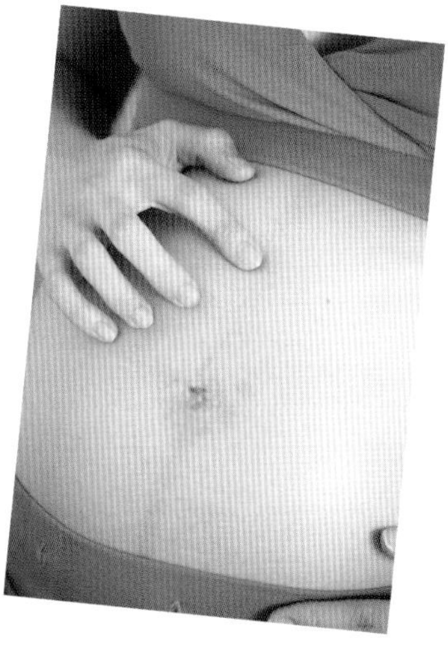

Chapter 3

Lulu的懷孕日誌

****

第三孕期29~40週

意外跌跤「貓式」保全了肚子

懷孕進入倒數期，身體疲累程度更加明顯，不能久站也不能久坐，休息的次數增加了，不過在心情上，我倒沒有緊張感，反而喜悅與充實的感覺與日俱增。

雖然我常建議孕婦要多休息，但其實我也是一個閒不下來的孕婦，除了日常管理瑜珈教室的行政工作外，我自己教授的孕婦瑜珈也正如火如荼地進行著，加上我在這時又把瑜珈教室重新裝潢，除了找工人來做東做西，我還親力親為上街去挑選櫃子，時值炎熱的七月天，我穿著正流行的人字拖鞋，裡裡外外忙個不停，活力十足。

不過也就是在這個時候，我突然沒防備的發生了意外——我，一個不小心跌了一跤！

那個炎熱的傍晚，我結束一天的忙碌，和老公準備走入停車場去開車回家，因為天色暗了，我沒看到路上有一個凸起來的階梯，於是一個沒踏穩，重心失去平衡，在毫無心理準備下，眼看著大腹便便的我就要硬生生的摔在地上了！

還好，我平時常做瑜珈和運動，身體的本能反應很快，在絆一跤的剎那，我的膝蓋先著地，然後用雙手撐住地面，以「貓式」的瑜珈姿勢落地，安安全全地護住了肚子。事情來得太突然，我和老公都嚇得臉色發青，跌一跤後，在確定肚子沒事，我開始檢查身上有沒有受傷？真是不幸中的大幸，連先著地的膝蓋也沒破皮。

由於這場意外太讓我們受驚，嚇得我趕快喝下急救花精，安撫難以言喻的驚恐，等到緩神過來，除了慶幸自己夠幸運外，也深感日常的訓練真是很重要，我還真的有些自豪，多年勤練瑜珈已讓我練就矯健身手，在這種要命的意外發生時，竟然可以發揮自保功能。

第一次抽筋

在懷孕的前、中期一直沒有發生的事情終於發生了，那就是腳抽筋。

隨著我的肚子愈來愈大，忙碌程度也愈來愈繁重時，有一天早晨，我在睡覺時腳一用力，就發生痛徹心扉的抽筋現象。我痛得哇哇叫的同時，還得快速地扳住腳底，將腳趾盡量往上扳，等疼痛消失後，趕緊按摩剛才抽筋的部位，這才下得了床。

為什麼會抽筋？我在孕期的飲食上很注意，每天也都有服用孕婦維他命、固定的運動一直維持著，照理說，應該不至於缺鈣才是，我想我可能是因為抽筋前幾天太累，加上肚子又變更大，壓迫感與日俱增的緣故。

在產檢的時候，醫生表示，我的下腹肌肉有些緊繃，使得血液循環比較不好，這也是造成抽筋的原因之一。既然發生了抽筋，我不停提醒自己，不要太累，尤其愈接近臨盆，更要放慢腳步，盡量休息。

在運動上面，除了游泳與瑜珈仍舊不間斷外，每天睡覺前，我還將雙腿舉高放在牆上起碼15分鐘，讓下肢的血液循環順暢一些。不管缺不缺鈣，從抽筋的那天起，我也開始了補鈣行動，除了孕婦維他命，我每天還會補充粉末狀的檸檬碳酸鈣。

運動與補鈣除了預防腳抽筋，也是我預防浮腫的方法。我的寶寶雖然size比一般的寶寶大一些，但感謝上帝，腹部的壓迫一直沒讓我出現水腫的現象，不過到了懷孕末期，尤其是寶寶的頭已經往下的時候，我發現我還是有些輕微的浮腫，到了最後關頭，孕婦也是不能偷懶的，運動、補鈣一個也不能少。

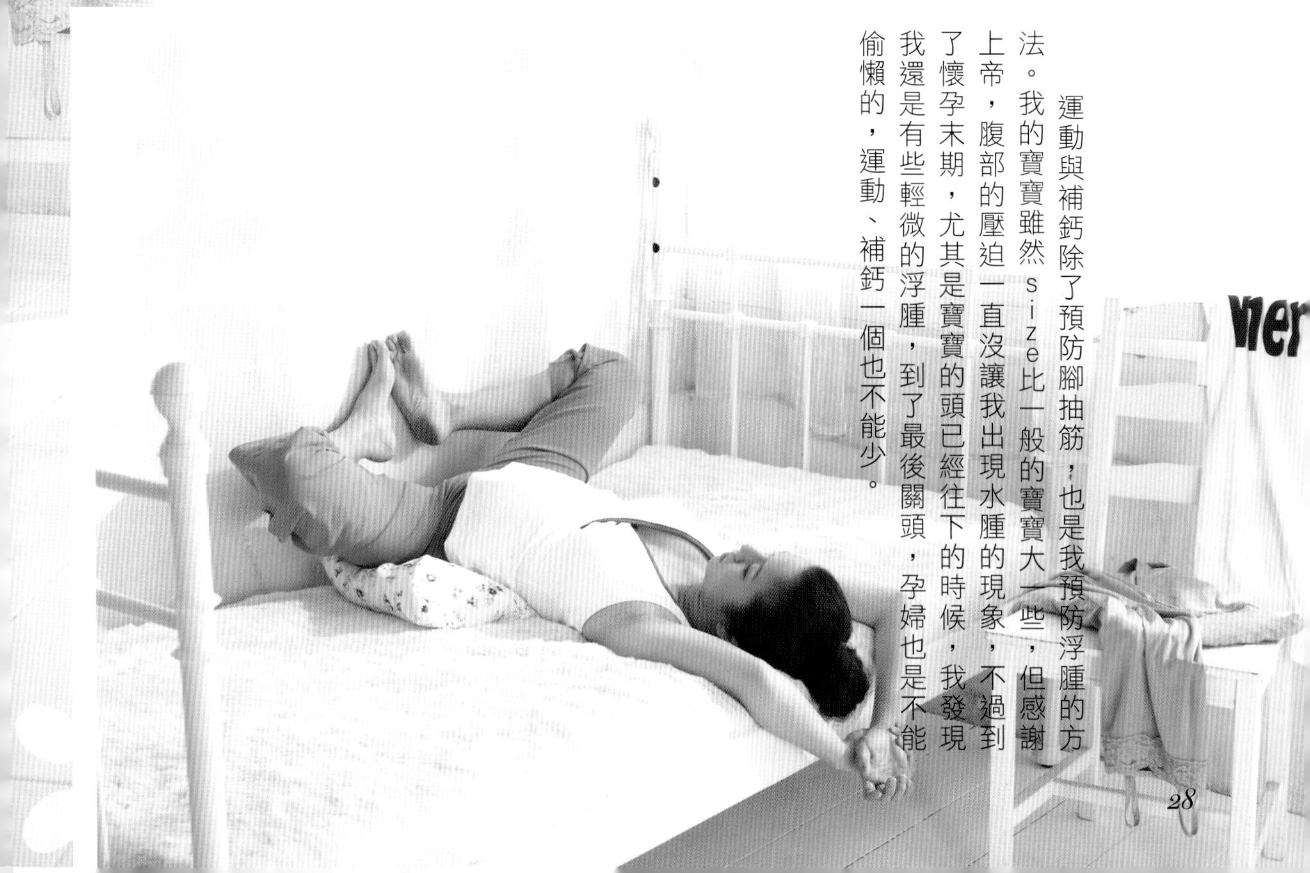

開始儲存教育基金

咦，肚子都大成這樣、人都快要累死了，這時候還管什麼錢不錢的？其實孕媽咪在這個時候管得才多呢，雖然懷孕後期很讓人疲累，但也是讓孕媽咪的築巢本能發揮得最淋漓盡致的時候。

有了寶寶之後，除了關心自己的身體、寶寶的發育成長之外，還會關心寶寶的未來，而理財在這時候也變得很重要。我知道孕媽咪在愈接近寶寶誕生的日子，「築巢」的本能會愈來愈顯現，家裡不停改改弄弄地佈置出寶寶出生以後的空間；衣物、尿布、推車一一要備齊、養育寶寶的經費也要跟著準備妥當，加上我本身還是職業婦女，妳說孕媽咪能不忙嗎？

就因為早就知道事情愈到後面愈忙碌，所以很多事情我都「做在前面」，這時候理財計劃就顯得很重要了──生小孩需要花錢、準備小孩的東西需要花錢、教養小孩更要用到錢，所以都需要未雨綢繆。

根據我自身的經驗，準備小孩的東西得從中期開始，因為懷孕中期身體狀況穩定，肚子又不會太大，佈置家裡、改變空間，這些需要較多體力的事情還可以負擔，有些大件的物品，如娃娃床、娃娃推車，最好在這時也先看好並做決定。

我還想到寶寶出生3、4年後，應該就需要用到的教育花費，所以非得為寶寶開始儲存將來的教育基金不可，於是我將財務又做了一些小小的分配，除了購物、採買之外，我還做了點功課去買一些基金，又將一部分錢定存起來。這些動作連我自己都感到訝異，以前一向花錢率性的自己，現在竟然如此懂得規劃，真是不可思議。

自然產

我知道現在很多孕媽咪因為怕痛，或者是想要給寶寶更好的「命格」，一開始就決定進行剖腹產。不過對於我個人來說，我從懷孕的第一天起就打算自然產。

因為我認為孕育生命是上天的恩賜，也是生命中非常難得的經驗，在生產過程中，不單是母親要用力將寶寶推出母體，寶寶同時也在使力要將自己擠出產道，這種推擠過程中，擁有一種母子同心的革命情感，寶寶經過產道出生的經驗多麼難得！母親經過陣痛生出寶寶也多麼可貴！這麼珍貴的經驗，豈可輕易放棄？而且根據很多研究顯示，自然產對寶寶的健康有好處，而且母親自然產出後，只要休息幾個小時，就可以下床走動了，不像剖腹會有傷口復原的問題要注意。

所以我在孕期中進行的孕婦瑜珈，每週至少1次，至多2~3次、每次至少2小時的游泳運動，以及很努

力的控制體重，都是為了自己在生產時可以有多點體力，並且學會用對下盤的力量，讓自己能順利的自然產。

說到生產，還有一點要提醒孕媽咪的，現在越來越多孕媽咪流行去坐月子中心產後調養，如果妳也打算要找一家不錯的坐月子中心，那千萬不能等快生了或生完後才開始物色喔，因為啊，都常常會被預訂光床位，只要是設備不錯、有口碑的坐月子中心，有些還要等空房到半年以後，因此大約在第二孕期時，準媽咪們就一定要先跟坐月子中心談好自己的預產期、價位、房間等級、膳食需求等相關細節。有些講究的坐月子中心還會要求要先簽約，以免臨時沒有床位。台北有一家很多藝人明星都喜歡去的坐月子中心，就常常是爆滿狀態。

這家坐月子中心老闆也很熱心推薦一款、很適合給產婦喝的泌乳養顏飲料「黑豆米露水」，由於黑豆營養價值高、香氣醇厚、又富含鈣質和大豆異黃酮，對產婦和孕婦都很有幫助。平常人也可以當飲料喝，但功效最好的還是產婦做月子期間，可以當白開水喝，補身之外還可促進泌乳。一大瓶600cc，還可以讓產婦試喝，有興趣的孕媽咪可以聯絡看看雲林的福祿壽國際酒品。

第三期的不適症狀

水腫

受荷爾蒙影響，導致體內的鈉濃度升高，長時間站立或坐著，增大的腹部壓迫著下腔靜脈，妨礙下肢血液的回流，這些都是引發水腫的原因。水腫不是什麼大毛病，但是出現在懷孕中後期的水腫現象卻不容輕忽，因為快速又明顯的身體水腫，可能是妊娠毒血症的前兆，

不可不慎。

要避免水腫，在飲食上千萬不要吃太鹹的食物，一個健康的孕媽咪一天所需的鹽分，差不多是一茶匙約5cc的容量。休息時最好採左側睡法，並將雙腳抬高讓血液循環較流暢，以減低心臟的負擔。

除此之外，適度的運動也可以有效消除水腫，我建議孕媽咪每天一定要維持15分鐘的運動，在我的經驗中，除了瑜珈以外，游泳是第二棒的選擇。

我在懷孕6個多月的時候開始游泳，除了在水中感覺較輕鬆外，我還發現游泳會讓我一直不斷地想上廁所，雖然一直跑廁所有些苦惱，但每次一游完泳，我發現就在這樣不停上廁所中，原本腳部有些的小水腫竟然消失無蹤，原來這種水的壓力可以刺激新陳代謝，加速排出體內多餘的水分，水腫自然就消失了。

抽筋

體內鈣、磷比例不平衡，子宮對神經的壓迫增加，下肢血液循環不良，有時因疲倦，或肌肉和筋膜的過度牽扯，都是造成抽筋的原因。不過一般孕媽咪發生抽筋的時間絕大多數都是在睡覺時，那種突然喚醒人的抽痛，真是讓人大大嚇一跳。

發生抽筋時要盡量將腿伸直，用手從腳底部向小腿方向平推按摩及熱敷，以減輕抽筋後的疼痛。要避免抽筋，可服用鈣片、小魚乾等含鈣食物，以減輕體內的鈣、磷不平衡狀況，孕期在秋冬時節的孕媽咪，睡覺前要特別注意身體的保暖，最好穿長褲及襪子睡覺。

暈眩及跌倒

在空氣不良、溫暖擁擠的公共場所，或姿勢突然改變時，因為血量的改變，加上低血壓或血糖降低，孕媽咪很容易發生暈眩的狀況。發生暈眩時，不但容易傷到自己還會傷到寶寶，所以愈接近懷孕末期，孕媽咪愈要提防暈眩的發生。

降低暈眩的發生，首先孕媽咪要避免長時間的站立，在變更姿勢時，動作也要盡量緩慢，當站起來感到頭暈時，最好暫時蹲下來。如果發生暈倒，身邊人要協助孕婦躺下，將頭部放低、雙腿抬高，然後移至空氣流通的地方。低血糖的孕媽咪每天最好養成多餐或高蛋白的飲食，以預防血糖降低。

還有，睡前孕媽咪可以躺在床上將臀部抬高，讓腹部的血液回流，就可以減輕頭暈的症狀。

胃灼熱

胃灼熱在懷孕初期也會出現，那是因為緊張焦慮而引起的，懷孕後期出現的胃灼熱，一是因為黃體素的影響使腸胃蠕動減緩，讓食物在胃中時間增長，加上括約肌的鬆弛，導致胃液逆流到食道，因而引起灼熱的不適感。

減緩胃灼熱帶來的不適，孕媽咪最好採取少量多餐的方式，將每天正常三餐分為六小餐，每餐之間相隔一段時間。在每餐之前喝一點牛奶，幫助減輕不適。飯後不要立刻躺下，以免胃液更容易逆流。還有要避免吃甜食、碳酸飲料及高脂肪的食物。如果胃灼熱嚴重時，最好遵守醫囑來服用制酸劑，中和胃酸。

LuLu的小法寶

檸檬酸鈣(優你鈣 Unical)

粉末狀的顆粒，含鈣、維生素D3、鎂等成分，可幫助骨骼生長發育，維持骨骼及牙齒的健康。一瓶60包的檸檬酸鈣，正好是1個月的份量，早晚各服用1包，就可預防腳抽筋。

★哪裡買：GNC台北門市
★價錢：1瓶/1800元

Rescue急救花精

可以應付所有的緊急狀況：驚嚇、恐懼、焦慮、情緒失控、失神…它可以鎮定心情，減輕精神痛苦、促使身體產生自療功效。對於孕期中後期產生的呼吸困難，只要在水中滴2滴服用，就可以舒緩不適感。

★哪裡買：藥妝店、網路
★價錢：30ml/約750元左右

做個孕味十足的
時尚辣媽
Hot Mama
Chapter 4
Hot Mama
時尚孕婦
Chapter 4

「Hot Mama」是我在今年年初婚後去美國時，在美國買的一本很可愛的「孕婦」書。這本書教導那些正在懷孕的媽咪們，孕婦該做哪些運動、孕婦要如何穿著打扮，從按摩、髮型、指甲、穿著各方面去找到讓自己開心的生活樂趣。簡單的文字配著可愛的圖畫，就這樣描繪出如何由內到外當一個美麗又有智慧的辣媽。

對，不管懷孕讓女人的外表改變有多大，我們都應該有所堅持，那就是：做一個具時尚感的辣媽！

我的婦產科醫生一直給我一個觀念：「孕婦不是病人！」我覺得他的觀念真的是非常正確，懷孕不是生病，縱使懷孕讓女人的改變那麼大，但這種改變是奇妙的，是充滿喜悅的，孕婦需要做的事是去適應身體正在經歷的重大改變，而不是就此放任自己活得就像個沒精神的病人。

什麼是「時尚孕婦」？

有人會以為那是有錢孕婦才可以享受的等級：穿著昂貴的名牌孕婦裝、吃著珍貴的補品、在高檔時髦的私人俱樂部做運動、產檢也到費用昂貴的診所去做⋯當然不是這樣，我覺得「時尚孕婦」的定義，應該是指：對懷孕有健康而陽光的心態、不用花很多錢，但一樣可以找到方式寵愛自己、生活中不忘給自己發掘一些小趣味、照樣注重外表裝扮修飾，漂亮的度過整個孕期！

孕婦除了每天吞維他命丸、鈣片等，最好不要亂吃藥，最大的營養攝取就是來自飲食，所以「吃」對孕媽咪養胎和寶寶生長都有很大的關係。

不是貴婦也能吃出美麗

燕窩

香港人不分男女老幼、任何體質，都當它是天然維他命來每天服用。有些孕婦更是不惜血本，從懷孕3個月後開始就每天當飯吃。我沒有那麼誇張，我是從懷孕末期才開始吃。吃燕窩除了能讓孕媽咪及寶寶的皮膚有美白效果外，還能幫助孕媽咪在生產完後盡速恢復。

燕窩不算便宜，但懷孕生產的過程很辛苦，孕媽咪偶爾犒賞自己一下也無可厚非，但如果經濟不允許，也可以改吃成分有些相似的白木耳。

紅豆

孕媽咪在孕期常會被水腫問題困擾，要消水腫其實可以吃點紅豆。紅豆可以通小腸、利小便、消腫排膿，還含有豐富的維生素D、B2、蛋白質與多種礦物質，因此紅豆還可加強孕媽咪的免疫能力，也能改善倦怠感。不過在吃的時候要注意糖的分量，以免吃太甜而引發糖尿。此外，綠豆、茯苓、決明子等，也都有與紅豆類似的功效。不過，孕婦體質不一，在進補或食療前還是要徵詢醫師的意見。

鳳梨

我在懷孕初期有一陣子非常愛吃鳳梨，後來才發現鳳梨真是孕婦的好朋友！從懷孕初期的脹氣到中後期的胃酸逆流和便秘，都可以靠鳳梨來解決，鳳梨所富含的天然酵素效果比什麼藥物都好。還有鳳梨含有豐富的鐵質，對於貧血的孕媽咪是再適合不過。不過鳳梨的糖分高，一次不宜吃太多

露出肚皮　大方秀性感

很多孕媽咪在懷孕時會覺得沒有衣服穿，並且習慣穿上遮掩肚子的傳統傘狀型孕婦裝，看起來好像才不會那麼胖。其實如此穿法反而會更顯得不夠活力、而且穿不出自己的個性和特色。

1. 棉質T恤必備：我在整個孕期中都不曾把自己的肚皮隱藏起來，反而時常穿著貼身的棉質T恤四處趴趴走。我自己很喜歡穿上貼身T恤時將肚皮的曲線露出來，展現孕婦式性感。

2. 內搭褲、瑜珈褲：孕媽咪隨著肚子增大需要不時添購衣服，所以在採買上盡量以便宜又好看為主，有時還可以跟著流行走。像目前很流行穿著的內搭褲，也是孕媽咪可以準備的衣物。

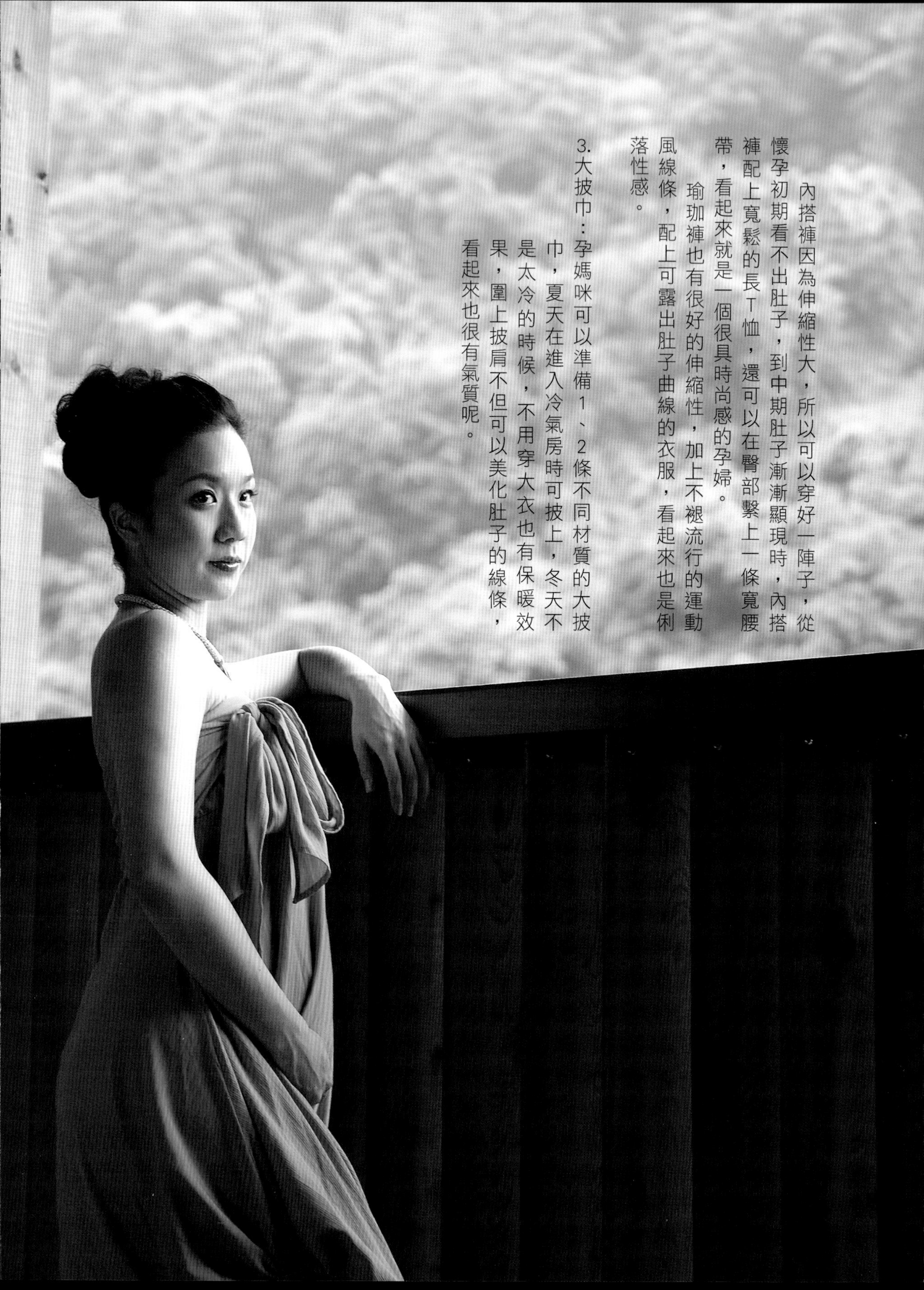

內搭褲因為伸縮性大，所以可以穿好一陣子，從懷孕初期看不出肚子，到中期肚子漸漸顯現時，內搭褲配上寬鬆的長T恤，還可以在臀部繫上一條寬腰帶，看起來就是一個很具時尚感的孕婦。

瑜珈褲也有很好的伸縮性，加上不褪流行的運動風線條，配上可露出肚子曲線的衣服，看起來也是俐落性感。

3.大披巾：孕媽咪可以準備1、2條不同材質的大披巾，夏天在進入冷氣房時可披上，冬天不是太冷的時候，不用穿大衣也有保暖效果，圍上披肩不但可以美化肚子的線條，看起來也很有氣質呢。

孕婦的愛美方法

懷孕是考驗一個女人是美是醜最好的時候，在這個時候，女人要更關心自己的身體。

1.修腳指甲：

孕媽咪可以定期找人修修腳指甲。修腳指甲是一件很舒服的事情，反正孕婦到了中後期要剪腳指甲是一件非常困難的事情，所以倒不如找人代勞。修腳指甲可讓身體放鬆，心情愉快，而且寵愛自己一下是道德的。

我平日喜歡穿著人字拖鞋，所以維持腳指甲的乾淨與美麗尤其重要，在孕期中我喜歡在一天工作結束後去修腳指甲，修完後那種輕爽無負擔的感覺，讓自己都覺得變美了。

2.塗指甲油：

孕婦不是不能塗指甲油嗎？那是以前，現在的孕婦很幸運，因為現在有專門為孕婦所製造的安全指甲油，幾乎不含化學成分的指甲油及去光水，可減少對孕媽咪及胎兒的傷害。這個牌子的指甲油是美國進口的，在大安路一段的「美麗髮」美容沙龍店裡也有賣。

3.做臉：

懷孕初期，我的皮脂腺分泌過多，加上夏天炎熱，汗水與油脂很容易造成臉部出油及粉刺的產生，平時除了注意清潔外，還可以去做臉徹底清潔毛細孔、順帶緊實臉部的肌肉，讓皮膚保持一定的光潔與彈性，就不會變成黃臉婆了。

內在也要美

外在打扮漂亮，小心不要一開口就讓人有「很抱歉」的感覺，所以培養氣質、增廣見聞，除了讓自己長智慧，也是很好的胎教。

1.閱讀：

懷孕別忘了讀書。孕期我最看不下去的是小說，因為密密麻麻的字，看得我會頭痛，不過我依然未改平日喜歡看養生書的習慣，除了增加日常飲食的常識外，也對懷孕的飲食大有幫助。

此外，我也喜歡閱讀旅遊雜誌，雖然肚子大到不適合坐飛機去旅遊了，但我還是很喜歡看那些美麗的風景圖片，彷彿置身其中般的興奮，心情好舒暢，並且一心計畫著，等寶寶落地後要到哪裡去遊玩一番。

2.寶寶購物目錄：

女人很少不愛血拚，因為我是第一次當媽媽，看這種目錄，可以了解寶寶需要使用的物品有哪些？可以自己做一些採買計劃。再來，這些刊物的品質及編排都好可愛，很能讓孕媽咪覺得賞心悅目。

3.晨禱：

這是我每天睜開眼睛第一件要做的事，晨禱讓我的每一天開始都充滿了希望，也讓我的心跟著明亮起來。

愛的滋潤不可少

1.與老公約會：

孕媽咪一樣有與老公進行親密行為的權利。偶而和老公出門走動，不但讓心情開朗，還會感受到很大的支持力量，這些力量讓妳不至於孤單面對所有壓力而產生憂鬱。假日時，不妨主動約老公去郊外踏青散步，帶球與老公約會，妳會覺得感情更是甜蜜蜜。

2.適時撒嬌：

如果妳是平常大小事一把抓的孕媽咪，千萬別再逞強了，開口跟老公撒嬌**耍點小賴皮**，就讓老公大展身手吧。千萬不要隱藏妳**的需要，這個時候**妳最大。而且對很多男人來說，會撒嬌的**女人魅力百分百**。

3.擁抱：

Michael一直很疼我，但自我懷孕以來，我發現他變得更體貼了。以前的他，是個從來不做家事的大男人，現在他會主動分擔家事；以前的他很喜歡跟朋友出去玩，現在他會多待在家裡陪我聊天。對於我的情緒不穩定，以前的Michael耐性有限，現在的他耐性十足，而且每天都給我更多的擁抱。這些擁抱**對於穩定我的情緒很**有效，也讓我更快適應改變。

照片提供／嬰兒與母親雜誌

當個美麗睡媽咪

懷孕的女人最愛睡覺，但懷孕的女人也最不容易睡好覺，我在剛懷孕的時候，常常早上起床吃完早飯，心裡還想著接著要出門辦哪些事，結果不知怎麼的，往往在沙發上坐一坐就睡著了。

剛懷孕的時候我並未察覺，加上當時工作很忙，事情多得不得了，只覺得自己怎麼這麼容易疲倦？為什麼平常運動量一直很大的我，在往常仍然精力充沛的時刻，現在卻哈欠連連，而且什麼事都不想做，只想找個地方躺下來睡一覺。

睡覺對孕媽咪來說是一件大事，但維持著高品質的睡眠卻是不容易的事情。想想，一個在身心上都承受著壓力的大肚女，在睡眠中隨時會被膀胱脹滿尿液的壓迫感、寶寶拳打腳踢的超動感、甚至是腿部抽筋的爆痛感痛醒，外加大肚子躺久了，腰也痠背也疼，想要好好一覺到天明是多麼地困難，但睡眠品質的好壞卻是左右著孕媽咪和寶寶的健康與活力。

懷孕初期，由於有一點小出血，加上不時作嘔的害喜現象，讓我特別容易焦慮緊張，因此睡眠品質很差。到了懷孕中期，由於寶寶的發育漸趨穩定，害喜現象慢慢消失，我的心裡才跟著穩定下來，在吃也吃得下，肚子又不會太大的情況下，睡眠品質跟著改善，所以在孕期的三階段中，第二階段可說是孕媽咪在身心上最舒服、也睡得最好的一段時期。

隨著肚子越來越大，脊椎被迫向後彎曲，到了腰痠背疼的第三孕期。尤其像我這種從小練舞的人，身體脊椎受過無數大小傷，脊椎原本就挺「脆弱」的，在體型的改變下，腰背的負擔更是沉重。而腰背的負擔加重，也是造成孕媽咪在懷孕第三期睡不好的原因。

這個時期，無論妳怎麼躺、怎麼翻，就是覺得支撐力不足，加上胎兒成長讓子宮擴張，向上壓迫到橫隔膜，準媽咪在睡覺時容易呼吸變淺。再因為子宮壓迫到胃部，造成胃酸逆流的狀況，準媽咪胸口常會產生灼熱感。而子宮向下壓迫到膀胱，又容易有頻尿的現象，如果再加上胎動頻繁，很容易讓準媽咪睡眠中斷、睡不好。

所以，在這麼艱困的狀況下，究竟要如何才能睡好覺呢？

1.採左側睡法

由於肚子大，沒辦法趴著睡，仰躺著睡又會感到不舒服，一整晚翻來覆去，總是難以安歇。因為人體的心臟在左邊，通常醫生都建議一般人睡覺時採右側睡法，以免壓迫到心臟，造成血液流通困難。但是對孕媽咪來說，到了懷孕中期，睡姿可要有所改變了，這時候的建議是採左側睡法。

因為身體的主動脈在脊椎的左側，下腔靜脈在脊椎的右側，由於靜脈壁很薄，只要稍加壓迫就容易塌陷，使得血流積在下半身造成水腫及靜脈曲張，左躺，反而不會壓迫到下腔靜脈，可預防準媽咪水腫。

2.睡前泡個澡

有人說，孕婦不能泡澡也不能泡溫泉，最好採取淋浴方式就好，其實，能不能泡澡的答案是肯定的，孕媽咪還是能享受泡澡的樂趣。睡前泡個澡，不但可以消除疲勞，如果孕媽咪的孕期集中在秋冬時節，泡澡不但能保持身體溫暖，還有助眠的功效。

泡澡可以減輕孕媽咪雙腳承受的壓力、促進血液循環，讓身心都放鬆下來，但是有一些地方需要注意：

水溫：不宜過高，最好維持在攝氏38度至40度。

衛生：浴缸一定要徹底清潔、一定要用乾淨的水。

安全：孕媽咪的大肚子容易重心不穩，在濕滑的浴室地面一定要鋪上地墊或止滑墊以策安全。

時間：不宜太久，過久會疲倦。

重點：全身泡，不要只泡下半身，只泡下半身會引起子宮充血，甚至會造成流產或早產。

3.調暗燈光

能夠關燈睡覺是最好，但有習慣性開燈睡覺的媽咪，最好選擇昏暗的光線，愈昏暗愈好。如果在光線太亮的狀況下入眠，會干擾身體「褪黑激素」的分泌，這種激素要在黑暗的狀態下才能分泌，讓人增進睡意。

4. 薰香

薰香不但可以幫助放鬆緊繃的情緒，同時使身體肌肉放鬆，達到改善血液循環的效果，有助孕媽咪入眠。

為了安全著想，睡前薰香不建議使用點蠟燭的薰香台，最好使用插電式的擴香石來做室內薰香。使用薰香的精油，最好採用冷壓的純精油，切記調好的複方按摩油，不可放入擴香器中，以免造成清洗的不便。

我自己很喜歡一款睡前薰香ANIUS辛巴達精靈(薰泡)，它輕盈又內斂的氣味，讓人身心舒暢。很適合孕婦和新生兒。

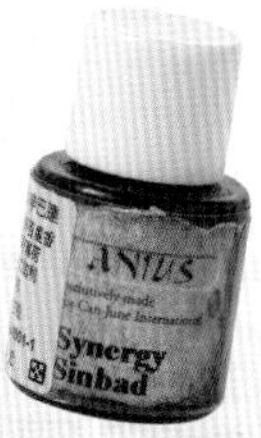

5. 睡前運動&按摩

有許多天才孕媽咪一直以為「讓自己累一點，會睡得更好」，但根據研究指出，激烈的運動根本無法讓人睡好覺。所以孕媽咪千萬要注意，睡前運動是和緩的、是舒緩壓力與不適，讓肌肉、身心放鬆的，這種才叫「運動」，如果是激烈的，就叫「勞動」了。以下介紹幾款輕柔的床上運動和按摩法，希望孕媽咪們一夜好眠。

》》**順時針肚皮按摩法(可選用滋養的維他命E油)**

功效：1.防止妊娠紋產生。2.放鬆肚皮的緊繃感，幫助睡眠。

助眠床上運動

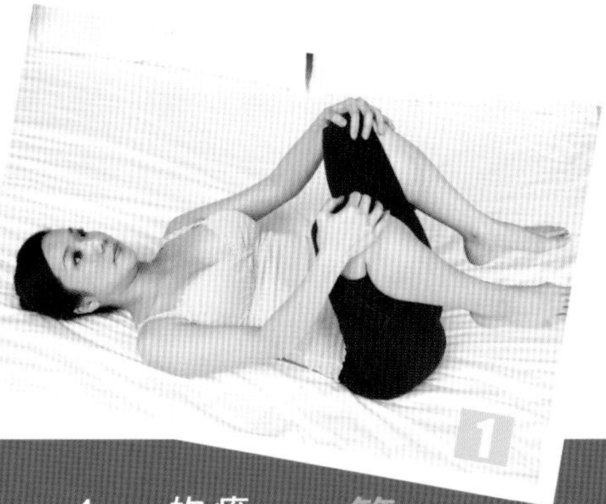
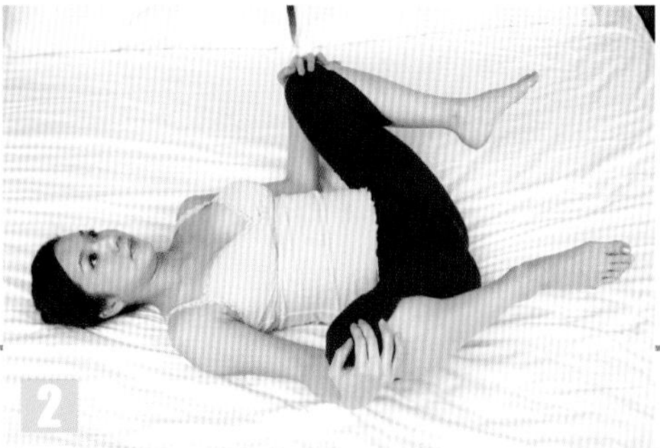

青蛙式

放鬆下背、腰部肌肉、幫助睡眠！

1. 仰面躺在床上，雙膝彎曲向上抬至腰處，然後將雙手放在雙膝上。
2. 配合呼吸，讓雙膝向兩側打開，停留4~5個呼吸。
3. 將雙膝合併回第1個姿勢。

簡易扭轉式

對於平常工作久站造成腰背痠痛的孕媽咪，這個運動能幫妳減輕腰背負擔。

1. 平躺在床上，雙手往兩旁完全伸展開，雙膝彎曲上拱，雙腳平放在床上。
2. 上半身維持不動，雙膝帶領慢慢往右側貼倒至床面。
3. 上半身維持不動，雙膝帶領慢慢從右側往左側床面貼倒。

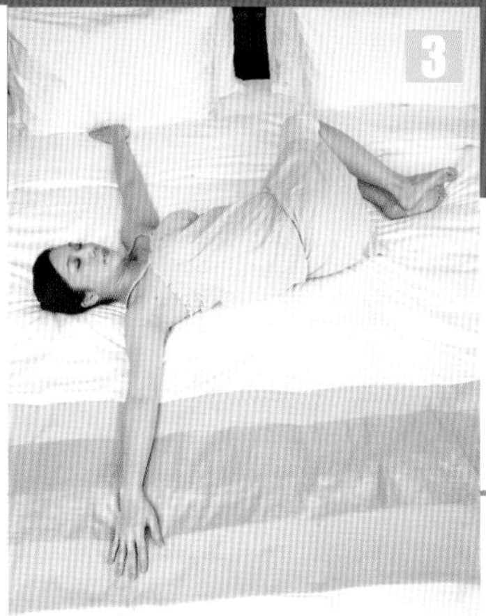

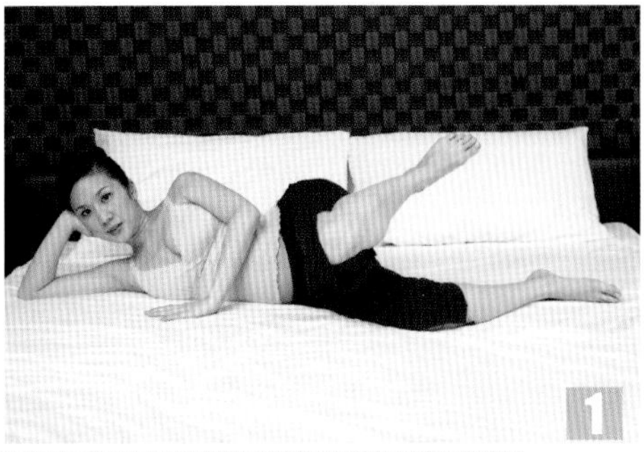

1

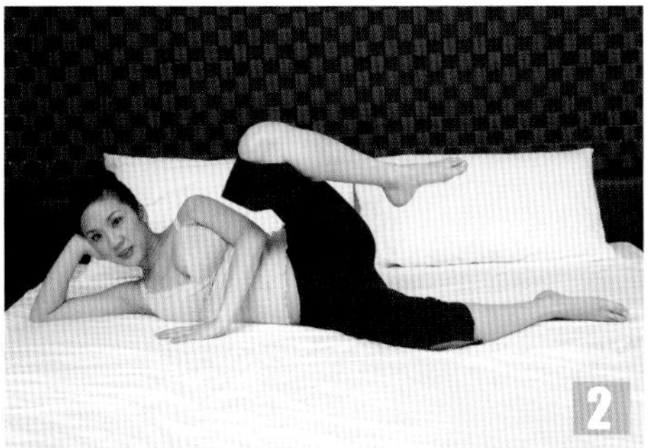

2

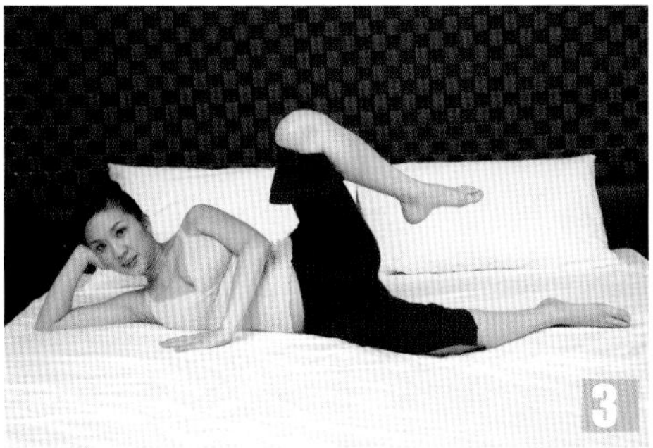

3

繞膝運動

這個動作可以加強骨盆力量，促進血液循環順暢，而且還有提臀的效果。

1.右側躺，右手撐起頭部，讓膝蓋稍微側放於床上。
2.左膝彎曲抬起至腰際。
3.左膝騰空作畫圈繞膝的動作。
4.換左側躺，動作順序如右側躺般。

抬腳

抬腳：將腿靠著牆面抬高，臀部下方墊小枕頭，腳趾盡量向上伸展，幫助小腿後部肌肉舒張，減輕腫脹、不舒服的感覺。

睡前按摩

配合著按摩油，按壓腳踝上的穴位，及按摩小腿部的肌肉，也能幫助淋巴循環，減輕水腫現象。不過孕婦按摩以輕微撫按為主要力道，千萬不可以過度用力喔！

Part1. 腿部按摩

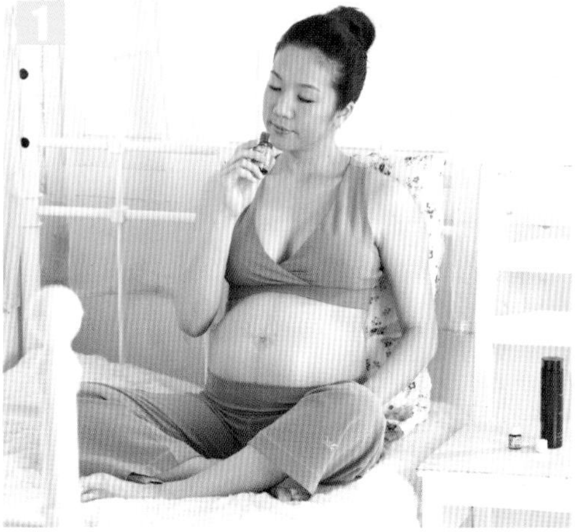

1.

在進行按摩之前，可以先吸聞按摩精油的香氣，讓心情沉靜下來。

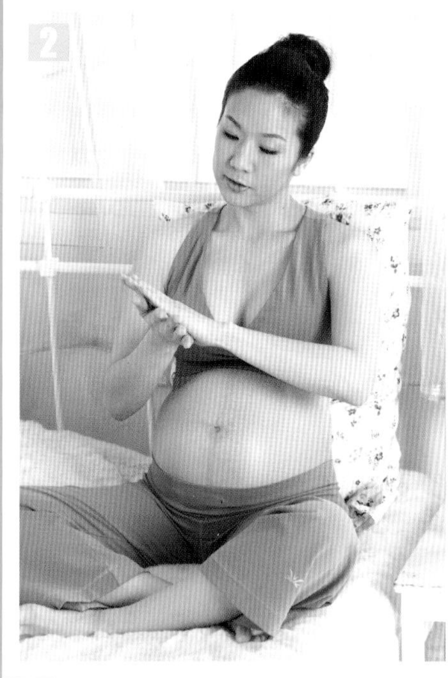

2.

倒適量的按摩油在手中，用掌心的溫度將按摩油溫熱勻開，然後塗抹至將按摩的部位。

3.

用指腹按摩雙腳的腳心，輕輕按壓3~5秒，然後放鬆，再重複動作，約做5次左右，讓平常承受最多壓力的腳底徹底放鬆。

4.

用大拇趾與食指按壓腳踝上部位，也是輕按3~5秒，放鬆，重複動作3~5次，有舒緩腳底壓力的功效。

5.

按壓小腿肚輕按3~5秒，放鬆，再重複做3~5次，可促進血液循環、避免水腫。

6-1～6-2.

用手掌以順時針的方式輕輕按摩膝蓋約5秒鐘，有強化及美化膝蓋效果。

7.

雙手同時按壓膝關節下大腿部位，稍微壓緊，然後放開，重複3~5次，能加強血管彈性、讓血液流通順暢。

8-1～8-2

以由下往上方式，雙手同時從鼠蹊部的大腿內側，用輕劃方式一路往上按到大腿外側，重複做3~5次，可讓下腔靜脈血流暢通，以避免靜脈瘤的發生。

9.

輕輕按壓大腿上方、胯下中間部位，可以放鬆韌帶、防止腰痠。

8-1

8-2

9

Part2.
肚子按摩

藉塗抹妊娠霜的同時，沿著肚子四周做小觸點按摩，一來幫助皮膚吸收乳液，二來也讓肚中的寶寶放鬆身心。同時妳也可以跟寶寶講講話，我通常睡前15分鐘會幫自己的肚子輕撫按摩，也是我跟寶寶的甜蜜時光！

1.

將適量的妊娠霜倒入掌心，用掌心的溫度稍加溫熱，然後均勻的塗抹在肚皮上。

2-1～2-2.

雙手交替由肚臍以下往上輕推。

3-1～3-2.

再由外側往肚臍方向輕推，以這樣的方向輕推輕按約3分鐘，可促進血液流通，及預防肚皮因乾燥而產生搔癢和妊娠紋。

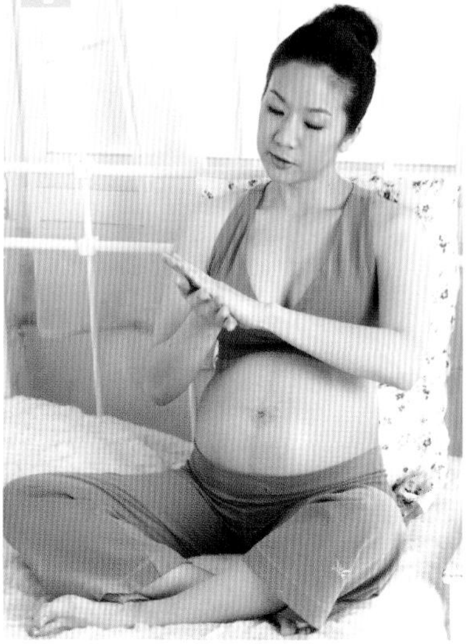
1

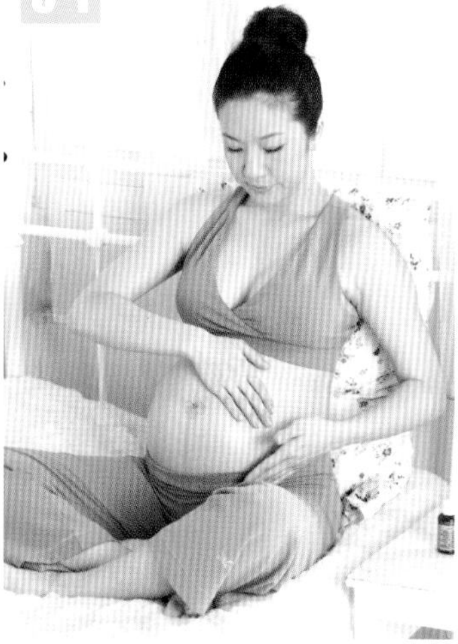
3-1

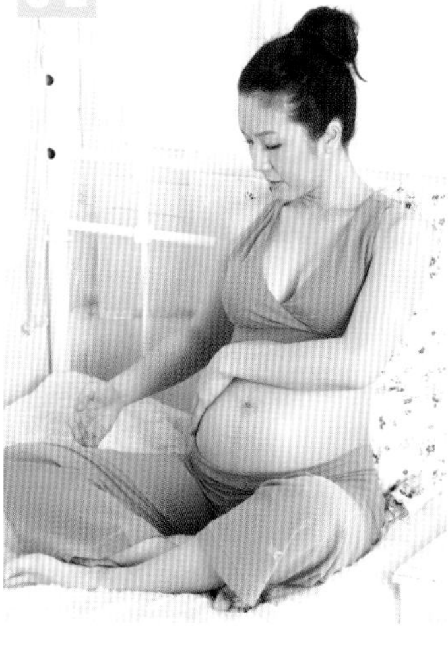
3-2

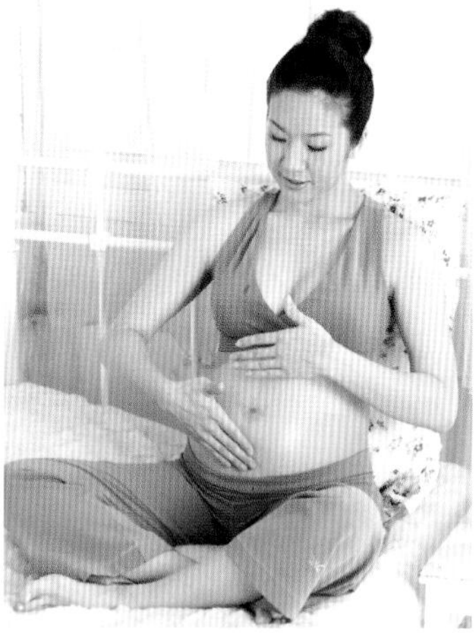
2-1

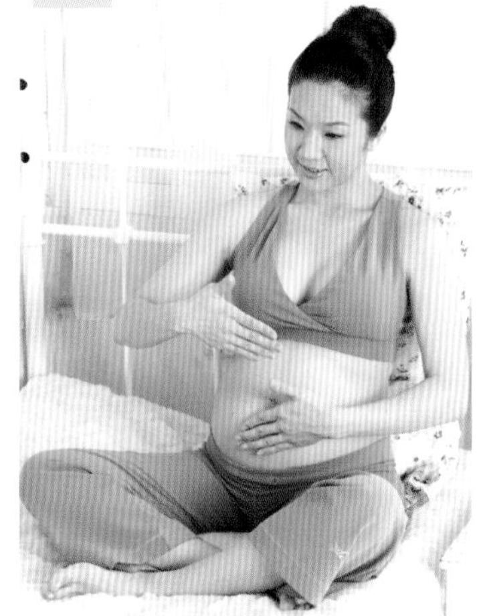
2-2

4-1～4-3.

以肚臍為中心，用右手掌從臍下繞著肚皮以逆時針方式畫個圓，然候換手，用左手掌從臍下繞著肚皮以順時針方式畫個圓，此動作可重複2~3次，以加強肚皮彈性。

5-1～5-2.

雙手手指以順時針的方式，沿著肚臍四周，輕快地輕點肚皮一圈，可重複做2~3次，讓緊繃的肌肉完全放鬆下來，也可以跟寶寶玩，讓他感受妳的節奏。

6.

最後雙手手掌放在肚子上，安靜思緒、保持呼吸，讓寶寶感受妳的愛。

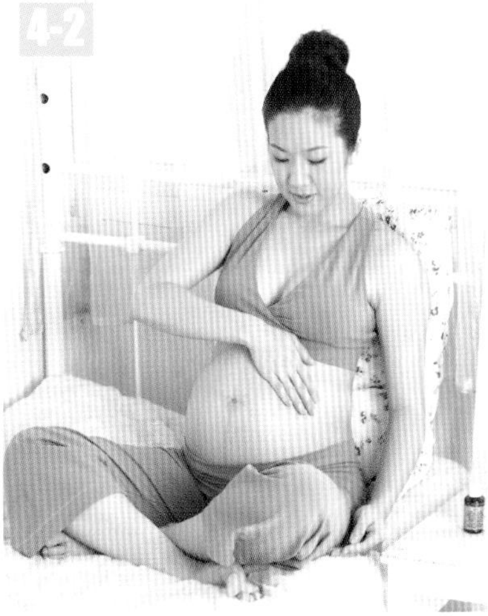

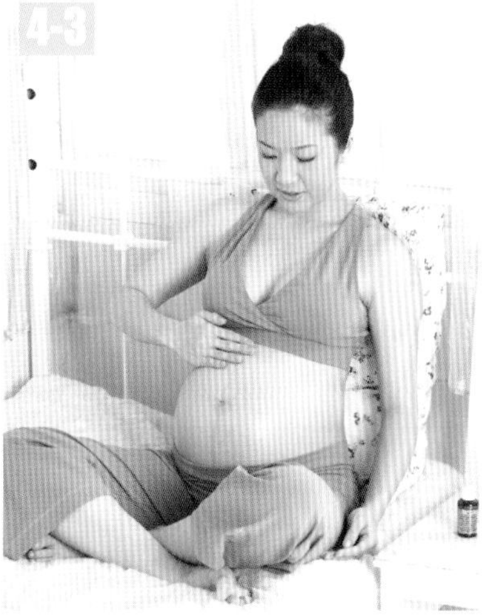

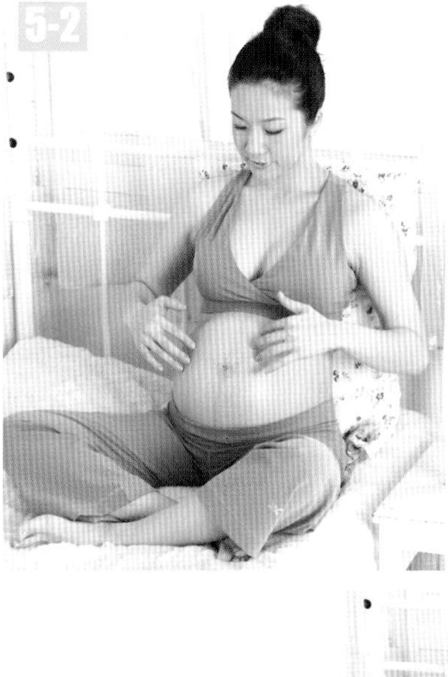

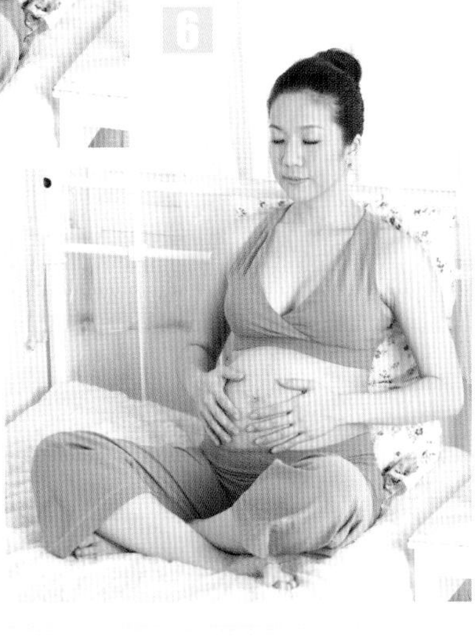

Part3. 臉部按摩

臉部的按摩也是不可忽略的一環。有些孕媽咪在孕期中常有頭痛現象產生，那是因為懷孕期間子宮須要更多的血液，當腦部的血液供應變少，加上黃體素本身使血管擴張，而讓孕媽咪產生頭暈、倦怠，甚至頭痛的現象。許多孕媽咪都是職業婦女，白天的工作壓力等到夜晚時才會爆發出來，配合著精油按壓太陽穴、眉心，不但能釋放壓力，也能讓皮膚放鬆、減少皺紋產生，更能增進肌膚的彈性。

1

1～2.

用中指或大拇指的指腹按壓眉頭，輕壓5秒放開，可重複數次。對於常常頭痛的孕媽咪，這個動作可以舒緩頭痛來襲的不適。

4

3.

用中指指腹按壓雙眼下面的淚囊，輕壓5秒放開，可重複數次。對於疲憊的雙眼有放鬆的效果，同時也可以預防眼部細紋的產生。

4.

將雙手手掌分別蓋住臉部，輕壓臉部，以掌心的溫，幫臉部做個熱敷。讓臉與腦袋整個都輕鬆下來。

2

5.

最後雙手手掌放在鼻子前方深呼吸，可以使用自己喜愛的按摩精油，有穩定情緒的功效喔！

5

3

6.善用助眠小法寶

1.大枕頭

孕媽咪在睡覺時容易覺得呼吸很喘，此時就必需改善躺在床上的身體弧度，最簡單的方法就是：可以在背後、腰部加上幾個大抱枕或大枕頭來增加支撐力，以減緩腰痠的狀況。

方式：利用枕頭做成堆疊狀，將腰背躺在其上，變成上背稍傾的姿勢。

2.月亮枕頭

如果家裡的枕頭或靠墊不是那麼多，我推薦一個非常好用的「月亮」枕頭，是在大家都很熟悉的寶寶用品連鎖店「Mothercare」買的。這個枕頭做成長長的月亮形狀，立起來幾乎跟我一樣高，不但可以從頭、腰，一路墊到腳，生產完畢後還可以當哺乳的輔助道具枕頭，可說是功能齊備，重點是抱起來睡超舒服的！

好笑的是當我開始使用這個枕頭後，老公有一天竟然發現抱這個枕頭比抱他老婆還舒服，所以竟然就佔為己有。有天我一覺醒來，才發我的「新歡」竟然被壓在我老公的身體下！想來真好笑，他竟然跟孕婦搶東西用，我二話不說又去買個一個送給老公，從此我家的床上除了睡兩個大人外，還躺著兩個大的月亮枕頭。

側睡1：將枕頭放在肚子的前面，兩腿夾住枕頭後端，頭枕在枕頭前端。這個姿勢前後都有支撐，讓孕媽咪睡得香甜。

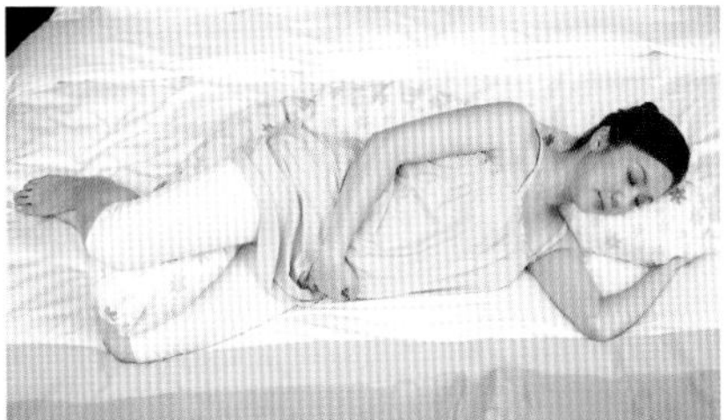

側睡2：將枕頭放在肚子後面的腰背處，枕頭後端可夾在雙腳中間，此姿勢讓孕媽咪脊椎不至於被壓迫到，又有支撐肚子的力量。

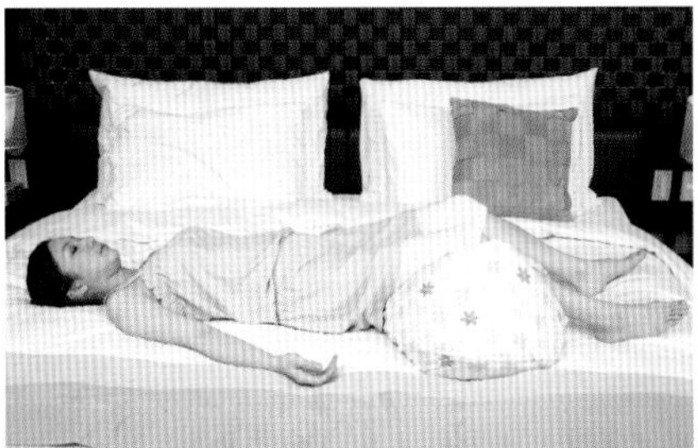

仰睡：仰躺著睡時，將月亮枕頭放在膝蓋下方，有消水腫及舒緩孕媽咪下背疼痛的功用。

Chapter 6

給妳超能量的孕婦SPA

孕婦可不可以做SPA？有人說不可以，怕SPA療程中的按摩會傷到寶寶，但在我詢問過婦產科醫生，以及很有經驗的芳療師後，我所得到的答案都是肯定的。

我不但在孕期中做SPA，到了特別辛苦的後期，我幾乎還一個星期做一次SPA。懷孕末期的疲累感，不是過來人很難想像，每週的疲累感是一直往上增加，尤其在我懷孕30週的時候，我累到連去游泳或做瑜珈的力氣也沒有了，這時最好靠SPA來舒緩身體的不適。

做SPA不但可以解除孕婦肩頸疼痛，還能紓解孕婦最沉重的腰椎負擔、促進血液循環、消水腫，在有經驗的芳療師引領下，配合著適合孕婦的精油按摩，可將壓力一掃而空，還能與寶寶一同體驗那種身心靈同時放鬆的境界。如果在經濟允許的情況下，SPA是我特別推薦孕婦在懷孕末期非常值得嘗試的療程。

至於一般人對孕婦按摩所產生的擔心疑慮，我也特別請教了對孕婦SPA很有經驗的芳療師，她們表示其實只要避免那些刺激的穴道按摩，將重點擺在舒緩及伸展上，就可以將因腹部壓力造成的緊繃肌肉舒緩開來，同時也可以增加肌肉的彈性、減少妊娠紋的產生，而不會有任何危險。

孕婦SPA芳療重點

側躺按摩腰、背、腿部↓正躺按摩腹部(視孕婦的狀況做胸部按摩)、手部↓按摩肩、頸、頭部

孕婦因為有個大肚子，在做SPA的時候，將不採取臉朝下的俯趴姿勢，而以臉朝上的仰躺及側躺為主。芳療師全程以雙手和不同功效的精油細緻按摩，帶來由輕緩至深度的多層次感受，同時在過程中開啟芳療胎教的第一步，刺激寶寶嗅覺與觸覺的發展。

Step1. 握持

握持就是能量握持，用手部大面積的貼緊孕婦身體，這有帶領、安撫及鎮定孕婦的作用，讓孕婦感受到安全及支持的力量，同時也可以讓芳療師感受孕婦的身心狀態，可將芳療師、孕婦及胎兒之間的能量作一連結。

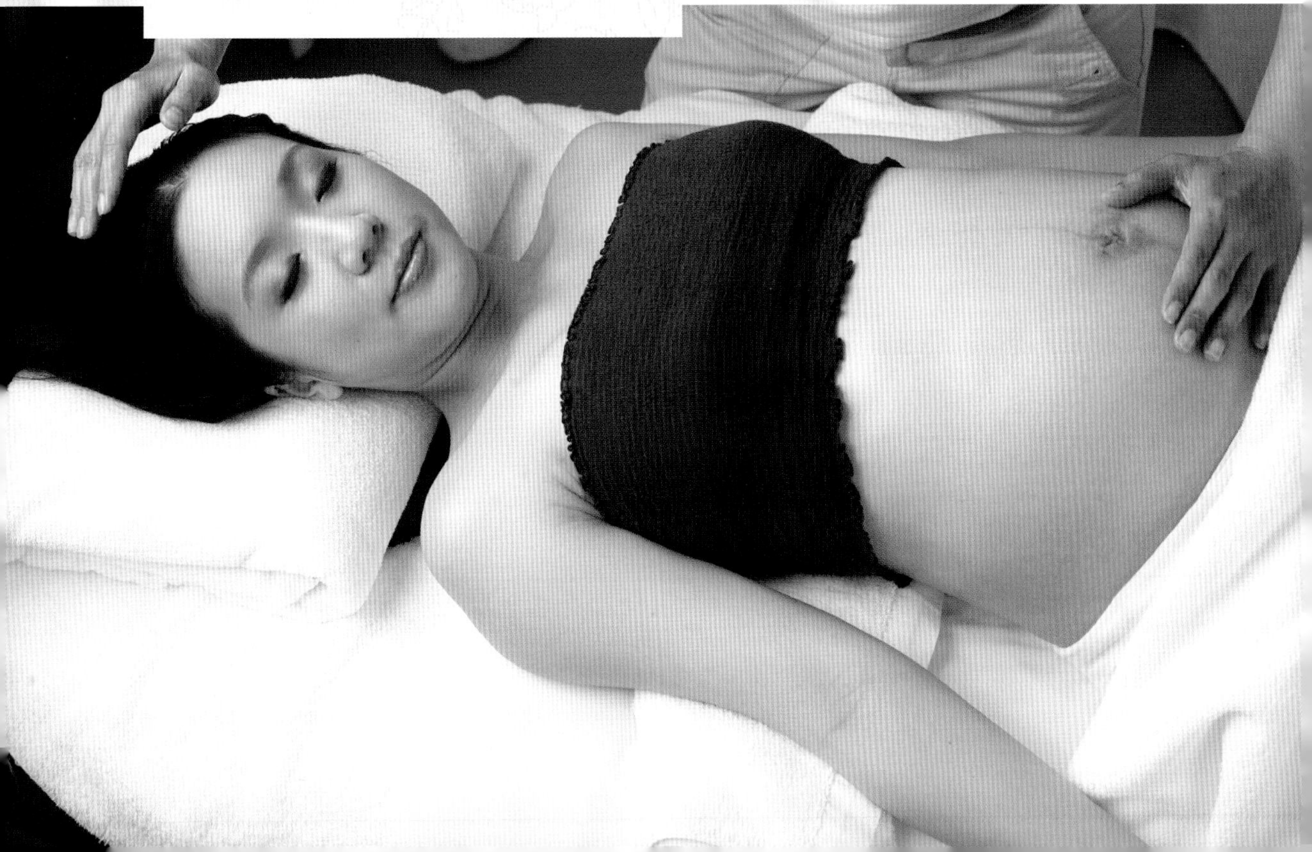

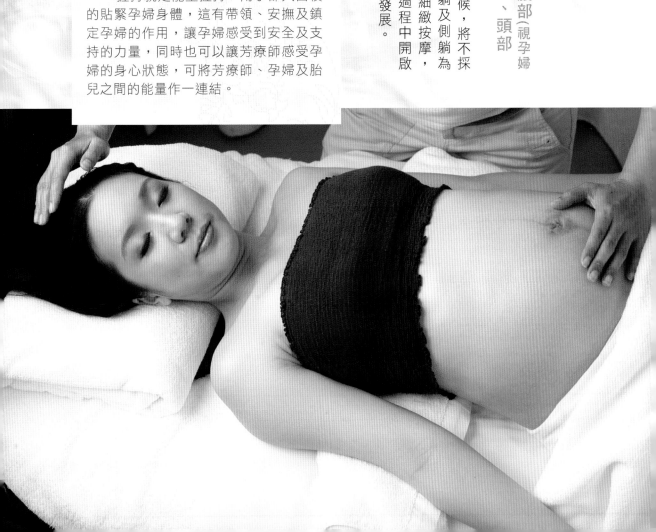

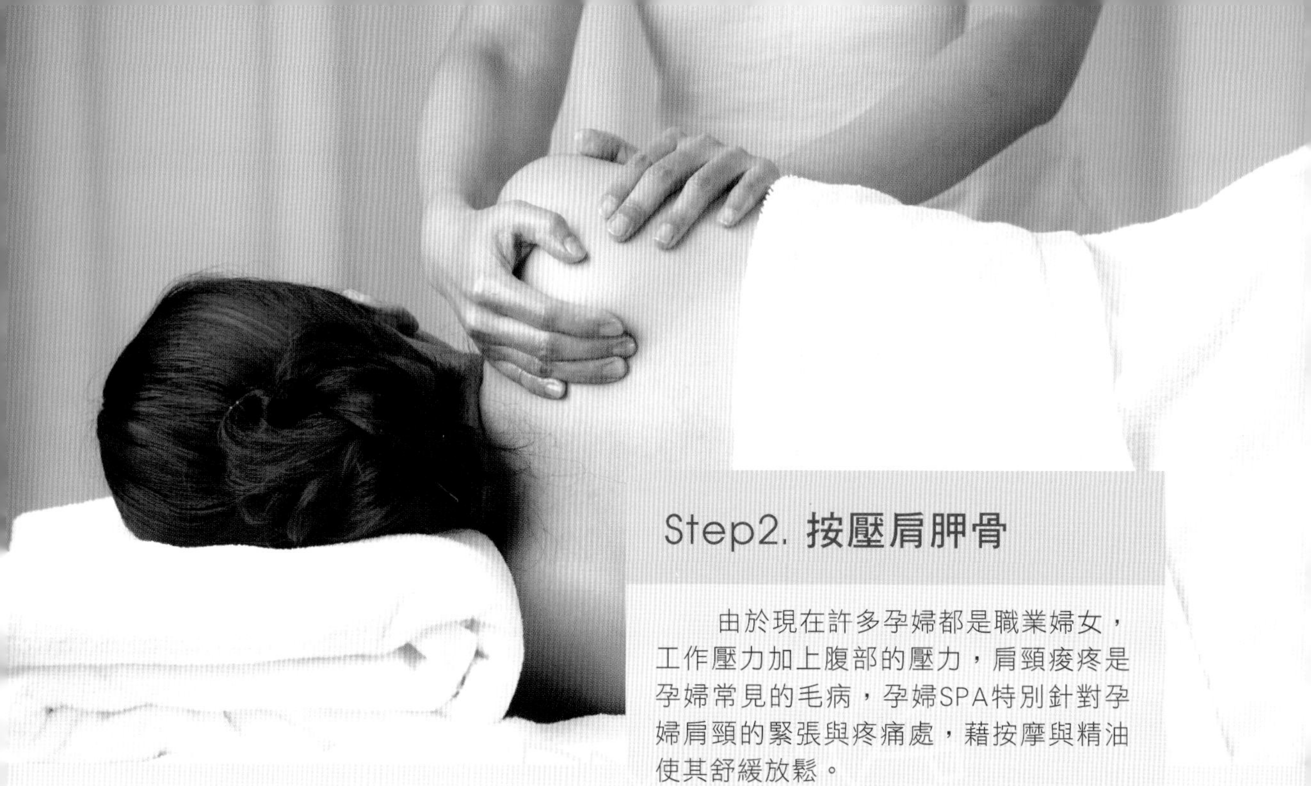

Step2. 按壓肩胛骨

由於現在許多孕婦都是職業婦女，工作壓力加上腹部的壓力，肩頸痠疼是孕婦常見的毛病，孕婦SPA特別針對孕婦肩頸的緊張與疼痛處，藉按摩與精油使其舒緩放鬆。

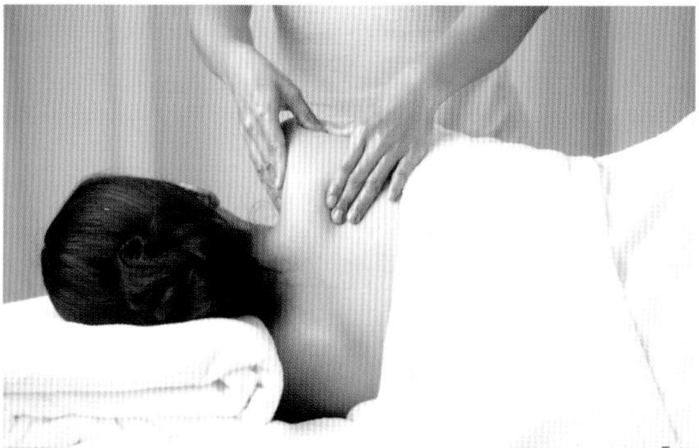

1

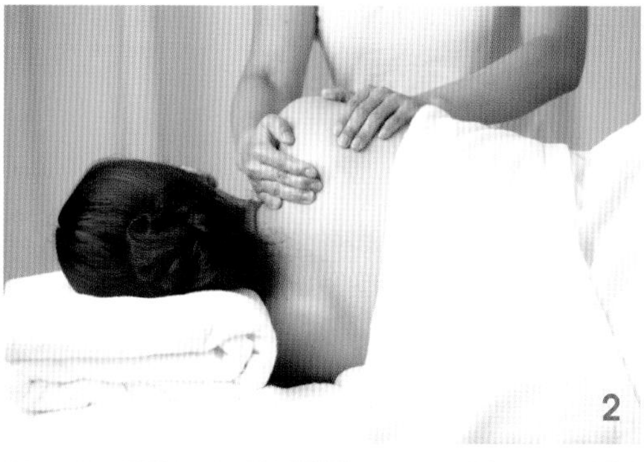

2

3

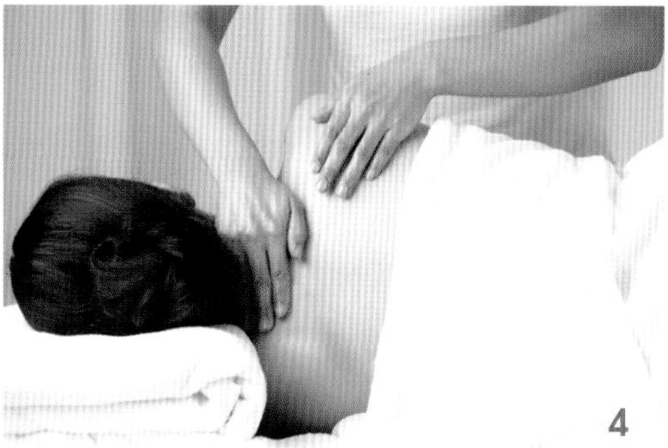

4

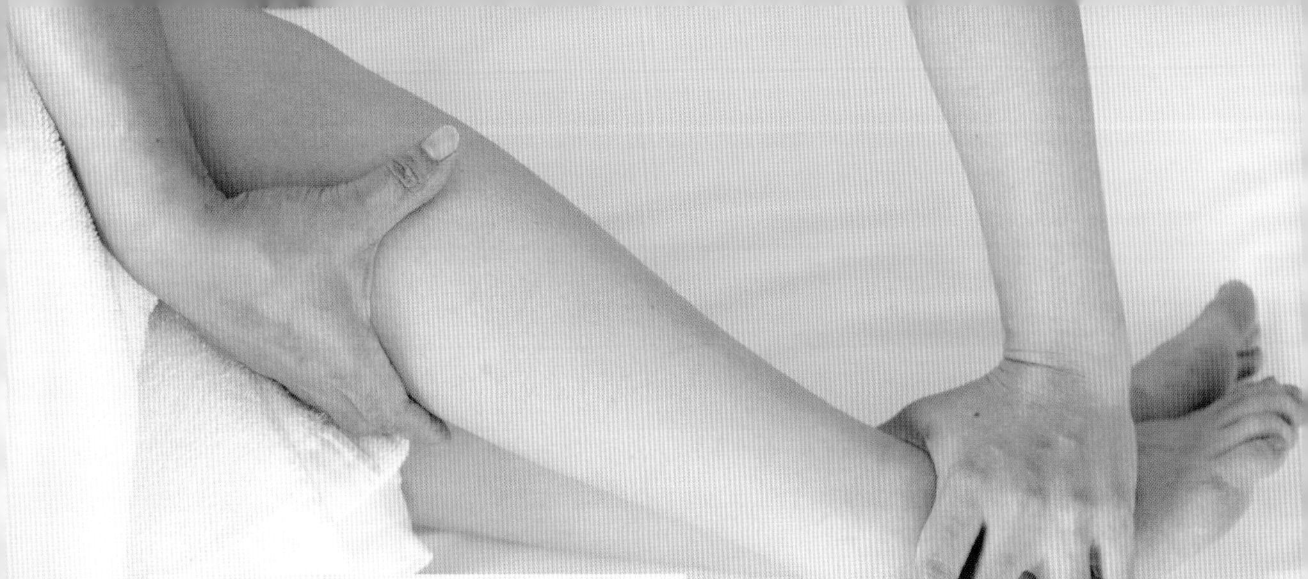

Step3. 按摩下肢

腹部的壓力往往會造成孕婦血液循環不良，因而產生水腫、靜脈瘤等症狀，按摩下肢可以讓緊繃的肌肉伸展開來，還有促進血液循環、消除水腫的作用。

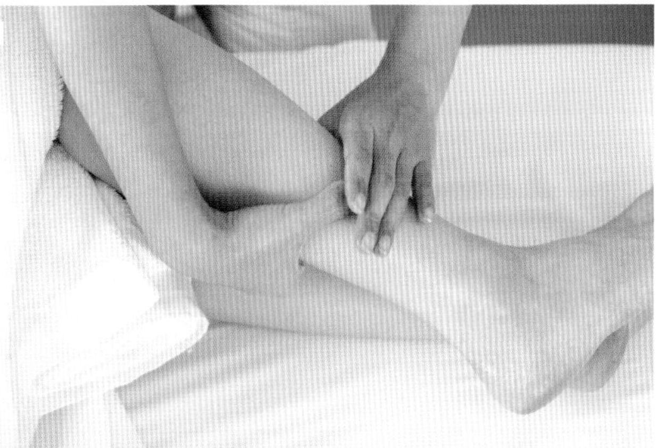

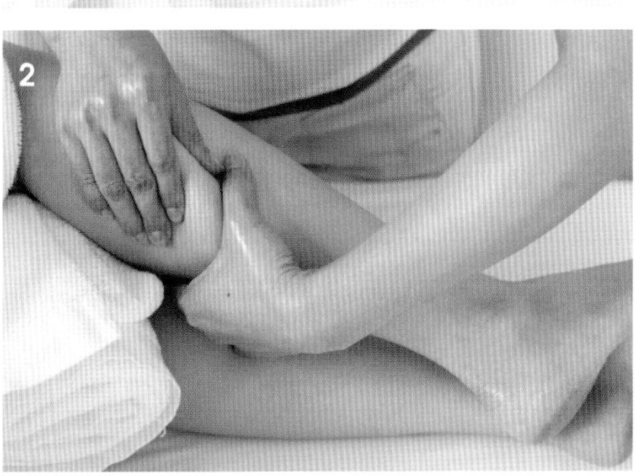

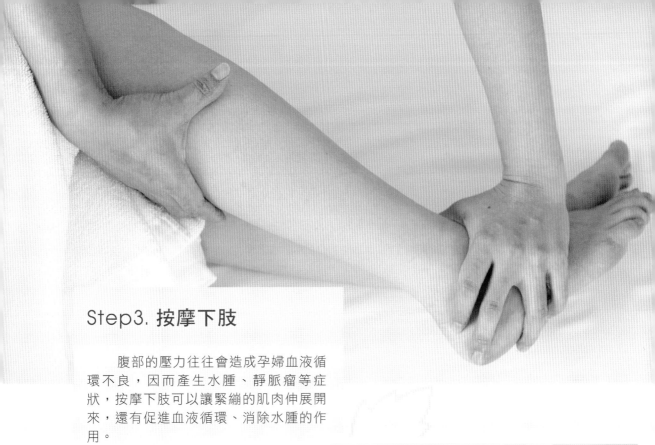

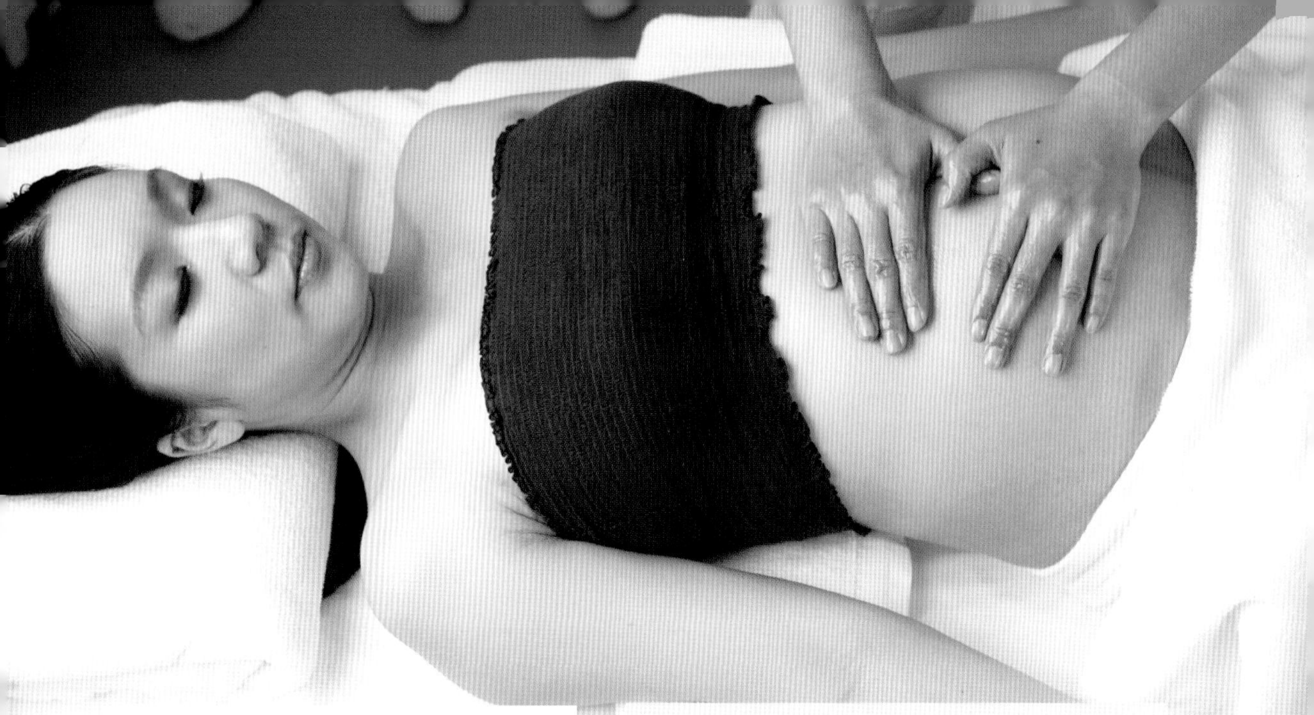

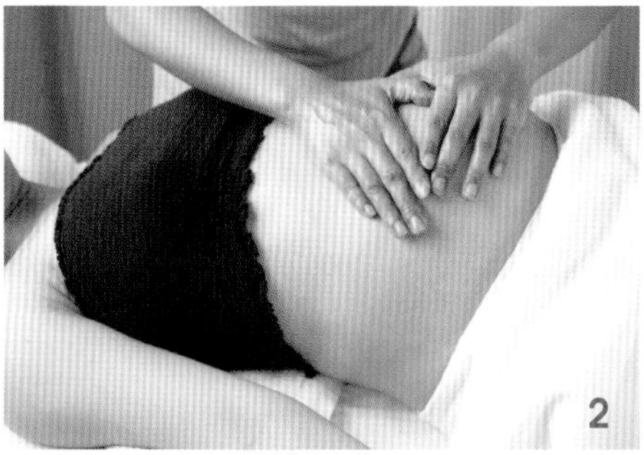

2

Step4. 按摩腹部

按摩腹部可以促進淋巴及消化系統的正常運作，透過芳療師的手療按摩，還可以與孕婦肚子裡的寶寶做無聲的溝通，並增進皮膚的彈性，有效減少妊娠紋的產生。

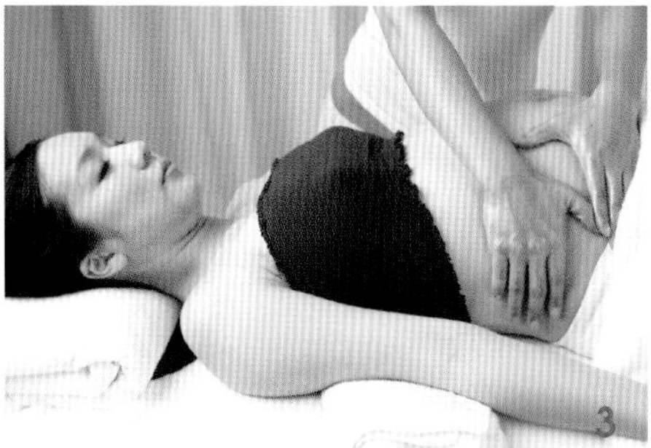

3

1

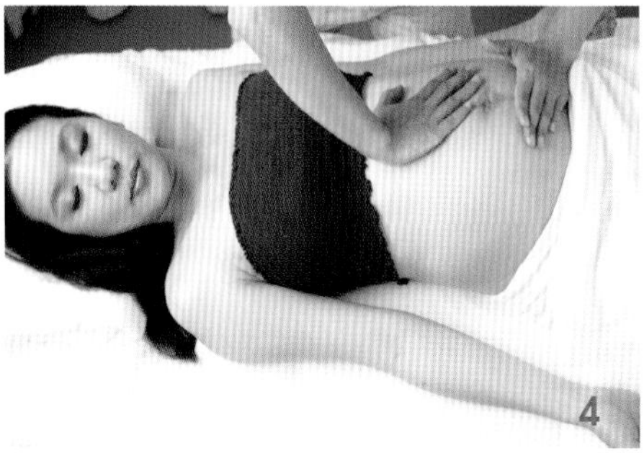

4

Step5. 按摩腰部

芳療師還會特別針對孕婦最痠疼的腰部做輕抬按摩，讓腰部肌肉放鬆，幫助改善孕婦腰背的疼痛。

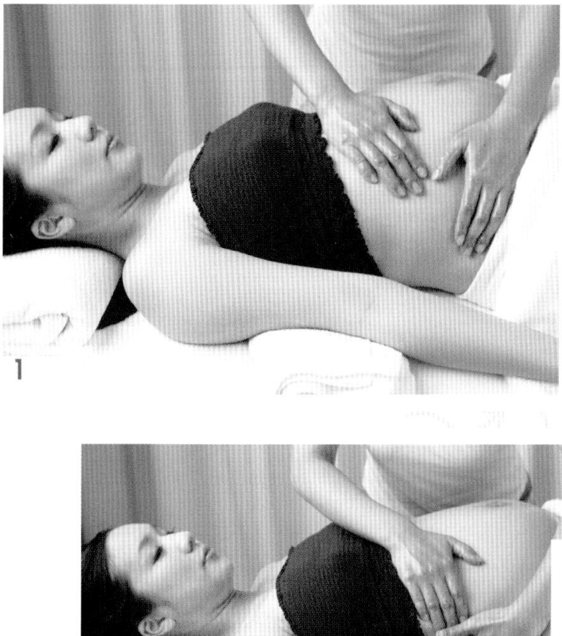

1

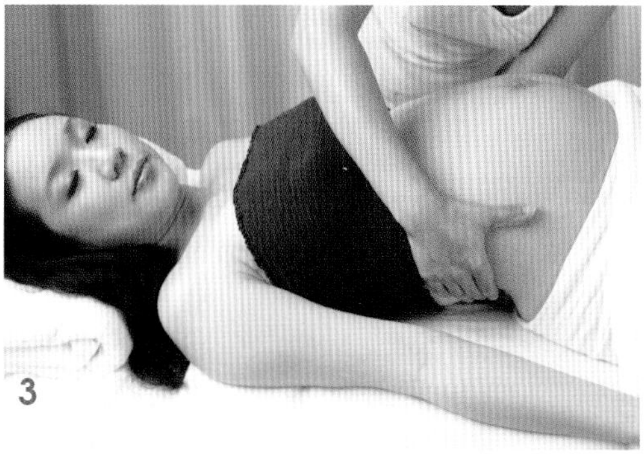

3

2

4

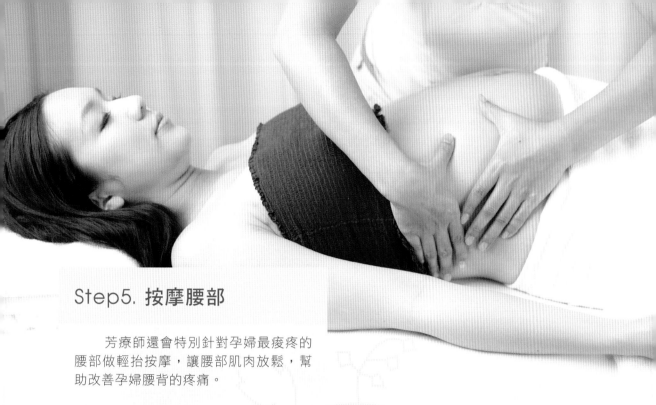

Chapter 7

LuLu媽's 好孕廚房

許多人看到我媽，總是不由得發出「哇！妳媽看起來好年輕，跟妳站在一起簡直就像姐妹」的驚嘆。沒錯，已經當了阿媽的媽媽，身材看起來仍然腰是腰，屁股是屁股，跟二十來歲的少女沒兩樣，更可怕的是，外型仍具辣妹實力的媽媽，不但玩起來不輸人，做起菜來更是手腳俐落，兩三下就可以變出好多菜來，而且每一道都色香味俱全。

我媽媽不但喜歡吃、喜歡做菜，更喜歡燉補，她曾經開過火鍋店、烤肉店及日本料理餐廳，是個對吃很講究也很有心得的人。從小，媽媽就教我們幾個孩子要多吃蔬菜、水果、多攝取維他命C，耳濡目染之下，長大後我們仍保有這樣的飲食習慣，這種「美女養成」的最佳飲食習慣，不但讓我擁有健康的身心，也擁有紅潤的氣色。

因為沒有住在一起，懷孕之後，媽媽偶而會為我帶便當，假日的時候，我也常常打電話向她「討吃」，然後就殺回娘家報到，好好享受一頓媽媽烹煮的營養滿點的飯菜，有媽媽在，我不怕沒得吃或吃得不好，媽媽也不用再擔心我有沒有因為工作而耽誤了吃飯，這種關心孩子的心情，對於即將為人母的我，特別有種惺惺相惜的體會。

獨家
老阿媽的家常養胎菜

我媽媽畢業於家事學校，烹飪本來就是她的所學，但是說到孕婦的飲食，我媽媽完全是承襲她婆婆，也就是我阿媽所傳授的方式，來照顧懷孕中的我。我平常工作很忙，幾乎沒有下廚的時間，雖然說現代人在外面吃東西很方便，但外面吃久了總是會膩，這些老阿媽的家常養胎菜，反而深受我的喜愛。

在我媽媽的觀點裡，孕期的飲食說穿了沒什麼，就是要多補充鈣質。她常告訴我，很多媽咪在生第1胎時可能沒什麼感覺，因為那時比較年輕，本身的鈣質也很充沛，讓寶寶吸收後還綽綽有餘。但到了生第2胎時，可能就會感覺有些牙齒痠痠、骨頭痠痠，這是身體裡的鈣質被寶寶吸收後已有不足之感。還有些媽咪生到了第3胎，體內的鈣質有些隨著年齡增長而流失，加上寶寶為了生長而大量吸收的狀況下，很多媽咪都會出現「齒牙崩落」之感，因此鈣質的加強很重要，如果是懷第3胎的媽咪，就要在平常的飲食上加強再加強了。

以下這幾道菜是我媽媽在我懷孕期間常做的家常菜餚，做起來簡單又方便，食材在一般超級市場都買得到，自己做的菜，營養與衛生保證是不打折扣的。

西洋蔘燉雞湯
(2人份)

適合懷孕初期的菜餚

材　料	雞腿4隻、西洋蔘4錢、枸杞4錢、紅棗6粒
調味料	鹽少許
療　效	枸杞養血明目，西洋蔘增強補氣，紅棗有促進母親與胎兒皮膚美白的效果。

作法

1. 先煮中藥湯。將西洋蔘、枸杞、紅棗放入半鍋水中煮10分鐘，熬煮出中藥湯來。
2. 雞腿洗淨放入另一鍋中，然後倒入中藥湯，中藥湯一定要超過材料。
3. 將雞湯鍋放入大同電鍋中，外鍋加一杯水，按下開關開始燉煮。
4. 起鍋前放入少許鹽調味即可。

Tips

1. 中藥湯汁不宜熬煮過久，以免藥味過強，湯汁變得苦澀，同時也會把紅棗煮太爛。
2. 中藥與雞肉天然特殊的溫暖香氣，特別適合給懷孕初期1-3個月、體質虛弱的孕婦補胎用。
3. 喜歡雞肉較軟爛的人，當電鍋跳起時，可以再按下開關一次。

玉筍排骨湯
(2人份)

材　料	竹筍2支、排骨半斤、雞胸骨一份
調味料	鹽少許
療　效	懷孕初期許多孕媽咪都會出現便秘的現象，竹筍含豐富的纖維質，可促進胃腸蠕動，使得排便順暢，又可利水消腫。

作法

1. 排骨先用燒滾的水川燙去血水，然後沖水洗淨浮沫。
2. 竹筍剝開，把粗糙的地方削掉，切成片。
3. 雞胸切碎川燙一下，然後與排骨、竹筍一起放入鍋中加水煮約30分鐘，起鍋前酌量加入鹽調味即可關火。

Tips

竹筍的尖頭粗糙處，因為是竹子冒出土來最先接觸陽光的地方，光合作用之後，就會變綠、變苦，所以一定要去除乾淨，免得整鍋湯喝起來苦苦的。

「山藥燉雞腿」

作法

1. 山藥洗淨去皮切塊，雞腿洗淨切塊。
2. 將山藥、雞腿、枸杞、薑片放入電鍋內鍋，加入水、一點點米酒，放入電鍋中去燉，起鍋前加入一些鹽調味即可。

材　料　山藥1/3條、枸杞4兩、雞腿2隻、薑2片

調味料　鹽少許

療　效　山藥中含有緩解害喜不適症狀的成分，同時又具有膠質，對於媽媽補血、美化寶寶皮膚很有效。但山藥含有豐富的澱粉質，吃多容易發胖，孕媽咪在食用的量上面可要拿捏準確。此道菜特別適合秋冬懷孕的孕媽咪。

Tips

1. 山藥表層含有植物鹼，會讓皮膚出現接觸性皮膚炎，造成鑽心的癢，所以在去皮時最好帶上手套，以免因接觸而發癢。
2. 山藥削皮後易與空氣接觸產生氧化變色，因此去皮後要馬上料理，或者泡在醋水中以防變色。

精力湯
(1人份)

懷孕中期以後才可吃的飲食

Tips

1. 精力湯的材料可依個人身體狀況來調整，孕媽咪要避免薏仁、蜂蜜等不利懷孕的食材。

2. 懷孕中期穩定以後再喝比較適當。

┤材　料├

苜蓿芽酌量、有機菠菜葉酌量、奇異果酌量、香蕉酌量、有機核桃2顆、小麥胚芽一茶匙、卵磷脂一茶匙、啤酒酵母一茶匙、黑芝麻粉一茶匙、優格半杯。

作法

1. 有機生核桃先浸泡在少量過濾水中24小時。
2. 準備一個約500cc的大杯子，將有份量限制的材料先放入，再將其他水果蔬菜切成小塊放入杯裡，要緊緊的塞進去，份量大約滿滿一個杯子，再以過濾水填滿空間，然後放入果汁機裡打至均勻。

┤療　效├

有人說孕婦不適合喝精力湯，其實精力湯能活化細胞又富含纖維和水分，能有效降低孕婦常見的便秘問題，也能讓孕婦與寶寶情緒安定、皮膚光滑細緻，只是孕媽咪不宜吃過度生冷的食物，因此可調整一下內容物。

整個孕期都很適合的食譜

作法

1. 蒜頭拍碎切丁，菠菜切碎，香菇切成丁備用。

2. 起油鍋爆香蒜頭，然後倒入香菇丁拌炒，待香菇炒軟後再放入小吻仔魚同炒，然後加入醬油、鹽及倒入適量高湯一起燒滾，小吻仔魚一定要煮到軟爛，這樣才可以煮出魚味本身的香甜。

3. 湯煮滾之後，加入適量的胡椒粉，然後倒入菠菜繼續滾煮，高湯在煮滾的過程中容易減少，所以可以適時適量添水入鍋，然後加一些糖、醋、鹽、鰹魚粉調味至菠菜熟軟，起鍋前淋一些香油，然後用太白粉調水勾一點芡，讓湯的口感更滑順，就可關火起鍋。

Tips

1. 吻仔魚在煮的過程中，如果怕太腥，一定要先爆香。
2. 吻仔魚本身就有鹹味，所以千萬要控制鹽的份量，烹煮過程中，可以嚐嚐會不會過鹹，如果會就一直加水到鹹度剛好為止。

材　料	小吻仔魚6兩、菠菜4兩、香菇4朵、蒜頭4粒、高湯
調味料	鹽、胡椒粉、香油、鰹魚粉各少許、太白粉一匙
療　效	吻仔魚含豐富的鈣、蛋白質及維生素C，對於強化母親與胎兒骨骼相當有效。

吻仔魚羹

(2人份)

|材　料|小黃瓜2條、雞胸肉6兩、紅蘿蔔半條、蒜頭6粒
調味料|鹽、太白粉、醬油、糖、香油、白胡椒粉、鰹魚粉少許
療　效|黃瓜富含維他命，雞肉有豐富的蛋白質，兩者都可以增進孕婦的食慾。

Tips

胡蘿蔔丁要炒熟需要比較長的時間，會導致一起拌炒易熟的蔬菜變得軟爛無味，事先川燙可以減少拌炒時間，並維持較鮮豔的顏色。

作法

1 雞胸肉切丁，用醬油、糖、太白粉、白胡椒粉醃五分鐘。

2 兩粒大蒜拍碎切丁。起油鍋爆香蒜頭，然後倒入雞丁拌炒，等顏色變白後先盛起放一旁備用。

3 胡蘿蔔先用開水燙熟、切丁。小黃瓜切丁。

4 起油鍋炒小黃瓜、胡蘿蔔丁，炒菜中加一些水讓小黃瓜、胡蘿蔔不至於太乾，然後加入鹽、鰹魚粉、胡椒粉、香油拌炒，然後再倒入之前先炒過的雞丁一起拌炒，炒熟後就可起鍋。

蒜炒黃瓜雞丁

(2人份)

冬瓜蛤蜊湯

(2人份)

Tips

高湯與清水的比例可以個人喜好斟酌，喜歡湯頭濃郁的人，高湯可以多加些，喜歡口味清淡者，清水的比例就多些。

材　料　冬瓜半斤、蛤蜊半斤、香菇4朵、薑絲少許、雞胸骨一副

調味料　香油、鹽少許

療　效　補腎養肝、滋陰養血、清涼退火、美顏潤膚。

作法

1. 先將雞胸骨加水熬成高湯。
2. 冬瓜去皮切塊，乾香菇泡軟備用。
3. 將冬瓜、香菇、薑絲放入鍋中，高湯倒入至淹沒材料，與適量清水一起熬煮，煮至冬瓜軟爛。
4. 同時加入蛤蜊、鹽、香油，待蛤蜊開口後就可起鍋。

海帶排骨蕃茄湯(2人份)

材　料	海帶一碗、排骨半斤、蕃茄兩顆、豆腐半塊、薑絲少許
調味料	鹽少許
療　效	含維生素A、B、C及碘、鈣等，可幫助胎兒毛髮及指甲生長。

作法

1. 蕃茄切大塊，豆腐切塊。排骨先入鍋加水煮至軟爛。
2. 待排骨煮爛之後，將蕃茄、豆腐、海帶、薑絲入鍋與排骨同煮，食材煮熟後，酌量加入鹽調味即可關火起鍋。

Tips

對於不愛吃肉的孕媽咪，可以用豬大骨取代排骨，但記得大骨要先川燙去血水。

材　料	青蘆筍6兩、方塊豆干4塊、里肌肉4兩、胡蘿蔔1/4塊、大蒜兩顆
調味料	鹽、胡椒粉、太白粉、醬油、鰹魚粉、糖少許
療　效	含多種維生素、利水消腫、排便順暢。

Tips 選購豆干時，最好買厚片豆干，因為厚片豆干在炒菜時，比較可以吸收湯汁入味，可避免外熟內無味的狀況發生。

作法

1. 青蘆筍洗淨切段，豆干洗淨切丁，里肌肉切丁，胡蘿蔔洗淨切絲備用。

2. 里肌肉用糖、醬油、太白粉醃五分鐘。

3. 拍碎大蒜，起油鍋爆香大蒜，然後倒入醃好的里肌肉拌炒，炒至肉片顏色變色就可先盛盤備用。

4. 起油鍋炒胡蘿蔔絲及豆干丁，炒至半熟倒入蘆筍繼續拌炒。

5. 炒鍋中加少許水繼續拌炒，可讓蔬菜不致太乾，待蔬菜炒熟後加入里肌肉丁，再酌量加入鹽、胡椒粉、香油、鰹魚粉拌炒調味後即可關火起鍋。

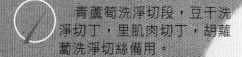

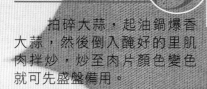

如意豆干

(2人份)

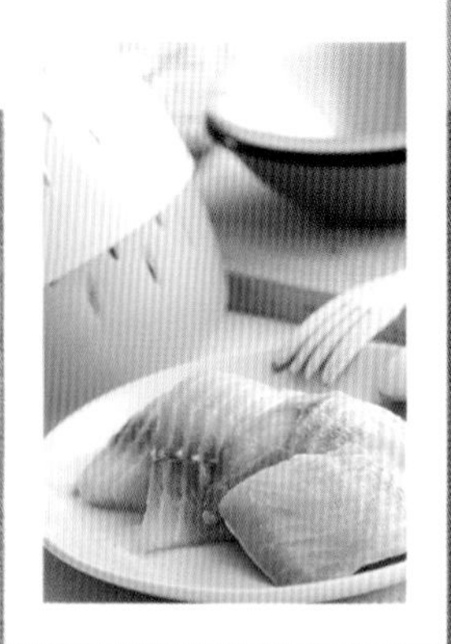

材　料　鯛魚片6兩

調味料　鹽、酒、白胡椒粉酌量

療　效　增加母親食慾及補充鈣質、蛋白質，並增強胎兒發育、補充養分。

Tips

1. 魚要煎的漂亮，在下鍋時千萬不要拿鍋鏟東翻西翻，只要輕輕晃動鍋子，讓鍋中的油平均分佈，一面煎熟再換另一面，就可以煎出漂亮的魚。
2. 判斷魚片煎熟了沒可以用牙籤戳戳看，如果牙籤拿起來表面完全乾乾淨淨，沒有沾上魚肉就表示熟了。

作法

1. 一片鯛魚切成三段，將魚片用白胡椒粉、鹽、酒醃10分鐘。

2. 起油鍋，待油鍋熱之後放下鯛魚片，轉小火慢慢煎。

3. 待鯛魚片煎至一面呈金黃色時再換面煎，將鯛魚兩面都煎至金黃色就可關火起鍋。
4. 煎好的鯛魚片上，可用一片新鮮的檸檬擠汁後食用。

乾煎鯛魚
(2人份)

材　料　蛋3個、蝦仁4兩、魚片2兩、蛤蜊6個、蔥花少許、胡蘿蔔末少許

調味料　鹽少許、鰹魚粉酌量

療　效　含鈣、蛋白質，易消化並促進寶寶骨骼生長。

作法

1 三顆蛋放入碗中打散，以1：1的分量加入水，再加入蝦仁、魚片、鹽、鰹魚粉，與蛋汁一起攪勻。

2 將蛋汁碗放入一個大鍋中，外鍋倒入一碗水，先不蓋鍋蓋，用大火隔水蒸蛋。

3 水滾之後，轉小火，蓋鍋蓋蒸約十五分鐘。可不時掀開鍋蓋查看蛋汁有沒有膨脹起來。

4 起鍋前五分鐘放入蛤蜊，如果喜歡顏色豐富，還可放入一些胡蘿蔔末一起蒸，待蛤蜊開口就可關火起鍋。

Tips

1. 蛋要蒸得像日式茶碗蒸那樣漂亮，就要將蛋汁中的空氣排除，打蛋中如果打出泡，可用筷子尖頭部分將它一一戳破。
2. 在水尚未燒滾轉小火時，千萬別蓋鍋蓋，以免發生蛋汁無法控制的膨脹，讓蒸蛋吃起來乾乾的。蒸蛋的過程，最好隨時在旁查看，才能蒸出漂亮的蛋。

三鮮芙蓉蒸蛋
(2人份)

材　料	高麗菜半粒、香菇3朵、豆皮包1塊、胡蘿蔔1/4顆，蒜頭少許、蔥少許
調味料	鹽、醋、醬油、香油、鰹魚粉、糖少許
療　效	易消化、健胃。

作法

1 蒜頭拍碎切碎，蔥切段，高麗菜洗淨切塊，香菇切大片，豆皮包洗淨切塊，胡蘿蔔切片備用。

2 起油鍋爆香蔥段、蒜末，倒入胡蘿蔔片、香菇、豆皮拌炒，然後加入少許醬油、糖、香油及水，炒至豆皮完全吸收油汁。

3 倒入高麗菜大火拌炒，炒熟後加入少許鹽、醋、鰹魚粉調味，即可關火起鍋。

Tips 炒高麗菜油要夠、火要大、時間要短，才能炒出清脆香甜的口感，若火不大，高麗菜就會看起來萎萎縮縮的，顏色口感都差很多。

素炒高麗菜
(2人份)

材　料	青花椰菜一顆、培根2兩、胡蘿蔔、大蒜少許
調味料	鹽、黑胡椒、鰹魚粉少許
療　效	含豐富的維生素C、B群，可增進孕婦食慾。

Tips

1. 培根要煎到焦脆，鍋裡一定要放油，但培根本身又富含油脂，建議在煎培根時，如果發現鍋中一下子出油太多，不妨倒出來，可做為下一道的炒菜用油。

2. 炒蔬菜的順序是先炒較不容易熟的，將容易熟的擺在最後放。如果有的蔬菜要炒一陣子才會熟，不妨先川燙起來以節省炒菜時間。

作法

1. 培根切成三等分，用少許油將它煎至兩面金黃帶些焦脆，然後灑上一些黑胡椒，盛盤備用。

2. 胡蘿蔔切絲，青花椰菜洗淨切成一小朵一小朵，用煮滾的水川燙一下。

3. 大蒜拍碎切碎，起油鍋爆香，倒入胡蘿蔔一起拌炒，胡蘿蔔炒至半熟，再加入青花椰菜同炒，加入一些水、鹽、鰹魚粉，炒至蔬菜全熟。

4. 起鍋前，倒入已煎好的培根，拌炒一下就可盛盤。

青花椰菜炒培根
(2人份)

材　料 苦瓜1小條、蔥花、薑絲少許

調味料 醬油、太白粉酌量

療　效 退胎火、養顏美容、增進食慾。夏天是苦瓜盛產的季節，清火的苦瓜很適合需要涼補的孕媽咪食用，對於孕期在夏天的媽咪，這道菜再適合不過了。

Tips 黃白色苦瓜是比較熟的苦瓜，苦味淡、易煮熟。綠色苦瓜比較「青」，口感脆，較有苦味。如果此道菜孕媽咪偏好綠色苦瓜，就要燜久一點。

作法

1 苦瓜洗淨切成細條狀。

2 起油鍋爆香薑絲，下苦瓜拌炒，加一些鹽、2匙醬油、2匙糖，及一些水拌炒均勻，然後蓋上鍋蓋將苦瓜燜熟。一般苦瓜通常只要燜一下就熟了。

3 開鍋，用一點點太白粉調水勾芡，就可關火盛盤起鍋。灑上一些蔥花與香油即可食用。

清燜苦瓜

(2人份)

菠菜豬肝

(2人份)

Tips

煮豬肝時間不能久，一久豬肝就會縮水老掉，因此豬肝切片時盡量[illegible]熟，還能保持軟嫩度。切太厚的豬肝，會讓煮的時間變得尷尬，時間短，煮不熟，還會流出血水；時間長，變太老太乾，就不好吃了。

材　料	菠菜2棵、豬肝8兩、薑絲少許
調味料	鹽少許
療　效	豬肝及菠菜皆含豐富的鐵質，有補血的功能。此道菜一般婦女也相當適合吃。

作法

1. 豬肝洗淨切成薄片備用。
2. 鍋中加水放入薑絲煮滾後，放入豬肝煮30秒後撈起備用。
3. 鍋中放入菠菜，待菠菜煮軟，再倒入豬肝後馬上關火，加入鹽調味即可。

蔬果汁
(2人份)

Tips

1. 新鮮的蔬果汁最好在15分鐘內飲用完畢，才能讓養分不流失。

2. 想攝取更多纖維質，可將纖維打得更細一點，不過濾，直接飲用。

作法

將所有的材料放入果汁機中，加一杯水去打成汁，過濾後即可飲用。

材　料　大黃瓜1/3條、胡蘿蔔半條、西洋芹一顆、鳳梨1/4顆、青椒半顆、蘋果半顆

療　效　含豐富維他命A、C及纖維質，有美白、降火、促進腸胃蠕動的功能。

Chapter 8
孕婦瑜珈

33招好孕瑜珈 幫妳美美的順產

親愛的媽咪 一起來YOGA

說來有趣，一年前，就是我還沒結婚，也還沒懷孕的時候，我就對孕婦瑜珈產生很大的興趣，之前在美國師資受訓接觸到孕婦瑜珈的課程時，我對於女人生兒育女這一課題與瑜珈的關係，感受很神奇。

於是我開始收集相關的書籍及DVD，在我狂熱的研究下，相關的資料幾乎都被我收集齊全。於是我開始想：要不要開孕婦瑜珈的課程？但當時的我，還是一個對婚姻家庭抱著夢幻期待的小女人，沒有親身的體會，就算了解再多，感覺總是隔了一層，空有熱情罷了。

與瑜珈的接觸愈多，讓我愈來愈發現，有些東西的出現，有時並不是巧合，而是一種「自然的召喚」，誰能想到在我對孕婦瑜珈感興趣的一年後，我不但嫁為人婦，還即將為人母。

當母親所承受的身心煎熬與喜悅，我現在正在體會，我看著自己身體產生的驚人變化，感受到「帶球走」的痛楚，我想跟我一樣正處在孕期的媽咪們，想法應該大同小異，都想健康快樂的撐過孕期，然後順利生個健康寶寶吧！那麼，現在開始進行孕婦瑜珈課程，不是正是時候嗎？

孕婦瑜珈與一般瑜珈的不同點？

或許有人會問，懷孕時行動不便，做瑜珈不會更加痛苦嗎？孕婦瑜珈與一般瑜珈又有什麼不一樣的地方？

沒錯，懷孕初期雖然肚子不大，但孕吐、噁心等症狀，就夠受的了，還有人在著床不穩的情況下，更是不能亂動，所以，一般瑜珈中的延展腹部及前彎動作，孕婦瑜珈都將盡量避免。

孕婦瑜珈主要的重點著重在下背、脊椎及下盤的活動，除了舒緩孕期中帶來的腰背痠痛外，也讓準媽咪找到下腹及大腿的力量，這種鍛鍊，將使生產變得容易許多。

孕婦瑜珈什麼時候開始做最適合？

答案是在度過危險的前三個月後最適合。

懷孕前三個月，由於胚胎的著床尚未完全穩固，這個時候身體屬於懷孕不穩定期，太過劇烈或延展動作容易讓媽咪流產，過多的運動不但不會讓身體好過，反而使身體更不舒服，所以我建議準媽咪們，等到懷孕漸趨穩定的中期再來練習最好。

又有人會問，懷孕的前三個月真的都不能「動」嗎？那孕吐讓人很不舒服時該怎麼辦？

雖然不能做延展性的瑜珈，但這個時候還是可以用瑜珈的休息及呼吸法來舒緩症狀。瑜珈呼吸法對於穩定情緒、肌肉放鬆，用身體來與寶寶做安靜的交流特別有一套。有關孕婦瑜珈的呼吸法，我將在本書中做特別的介紹與練習。

而懷孕期的腰痠背痛本是正常現象，瑜珈有甚麼神奇魔力來舒緩這些擾人的症狀呢？

沒錯，腰痠背痛，正是當媽媽的「甜蜜」體會，孕期的荷爾蒙分泌，使得骨盆變寬鬆，下背組織結構也變得鬆散，加上寶寶的重量讓媽咪的重心往前，腰背自然承受較大的壓力，有些媽咪的身體為了撐住寶寶的重量，肩膀及後背的肌肉還會增厚，看起來虎背熊腰的。

這種痠痛藉由瑜珈的延展動作，如跪拜貓式呼吸、側邊延展式等，不但可舒緩緊張而疼痛的肌肉，瑜珈呼吸法也能幫助肋骨伸展及加強胸腔及背部肌肉的彈性，讓媽咪情緒穩定、肌肉放鬆及調節血壓。除了腰痠背痛，許多媽咪在懷孕以後常常覺得喘不過氣來，也會便秘，這些都是可以藉孕婦瑜珈來改善的。

因為，溫和的孕婦瑜珈可以增加心肺功能、促進血液循環及新陳代謝，減少懷孕期因需氧量增加而引起的疲倦感，和因呼吸不順、容易引起氣喘的現象。

許多媽咪更因為寶寶在肚裡一天天長大，子宮壓迫到胃腸，造成食道逆流或產生便秘。孕婦瑜珈許多招式都可以促進腸胃蠕動，幫助排便與排氣，減輕脹氣與便秘問題。

孕婦瑜珈也可以控制體重、改善浮腫

而懷孕讓有些媽咪手腫腳腫，遠遠看過去簡直就像一顆大氣球，外觀的變形，往往讓愛美的媽咪們難以接受，這都是因為女性在懷孕後，體內的黃體素開始增加，以幫助胚胎著床穩固。但黃體素也會增加尿液中鈉的濃度，所以造成浮腫現象。孕婦瑜珈能增

進體內血液循環及新陳代謝，減輕孕期水腫的現象，還媽咪們一個好模樣。

對於媽咪來說，體重的增加是孕期中最大的夢魘，不能不吃，也不能減肥，但沒吃多少，體重卻直往上升，年紀輕輕看起來卻像個中年發胖的歐巴桑，怎麼看怎麼教人心傷，瑜珈真的可以控制體重嗎？

沒錯，體重真的是女人的大殺手，尤其**對懷孕的女人來說，最怕就是胖到難以收拾的局面，孕期若不好好控制體重，產後的瘦身將是更慘烈的戰役。**很多媽咪在懷孕前三**個月，因為孕吐**食慾降低，體重上尚能維持**「不錯看」的局面**，但孕吐期一過，卻胃口大開地大吃大喝，以至於嚴重超過預期體重，導致順產困難及產後「瘦」不了的悲劇。

雖然懷孕期間顧及寶寶及媽咪的營養不適合減肥，但適當的飲食及運動還是必要的。孕婦瑜珈能燃燒多餘的體脂肪，避免體重如搭電梯般的快速升高，而快速增加肌肉的強度，還能預防妊娠紋的產生。

在懷孕期間，如果妳不是那種本來對運動流汗有特別偏好的陽光媽咪，孕婦瑜珈會是妳最好的選擇。

★孕婦瑜珈的6大類別

1. 暖身及瑜珈呼吸法：主要功能為防止運動傷害及穩定情緒。
2. 下背及脊椎活動：主要功能在於舒緩腰、背痠痛。
3. 孕婦活力操：透過簡易的重複運動，提升孕媽咪心肺功能。
4. 下盤活動：幫助孕媽咪們找到下腹及大腿力量，還可以消除水腫、幫助生產。
5. 伸展運動：延展肌肉線條，除了消除肌肉痠痛外，也可美化身材。
6. 休息式：主要功能為放鬆、安定神經，以正面想法與寶寶對話。

★孕婦瑜珈的13點提醒

1. 兩小時前請進食完畢，如果把肚子吃得飽飽再做瑜珈，由於腹中積存過多食物，在進行瑜珈時恐怕會發生「捉兔子」的慘劇。
2. 依自己身體的限度來做，千萬不要太ㄍㄧㄥ，強求自己一定要拉筋、劈腿、彎腰到姿勢百分百好看的地步，對於做不到的姿勢，只要依體能做到正確就好。孕婦瑜珈每天最好維持15分鐘的運動量，如果身體不適，也不要強迫自己非做不可。
3. 進行孕婦瑜珈時，要選擇在通風良好的地方，以免造成氧氣不足，呼吸不順。
4. 一定要用瑜珈墊。
5. 進行瑜珈時動作盡可能地放慢，一切慢慢來、慢慢做。
6. 做完瑜珈後千萬不要馬上吃東西，太快吃東西恐造成胃部的不舒服，最好等一小時過後再進食。
7. 如果累了，就叫停。千萬不可勉強自己，一切以身體的狀況為優先。
8. 瑜珈的過程中千萬不要憋氣，要持續不停地慢慢呼吸，不要顧及動作就忘了呼吸，造成缺氧狀態就不好了。
9. 在進行孕婦瑜珈之前，最好先問過妳的婦產科醫生，聽取醫生的建議。
10. 若筋拉不開，或肌肉過於緊繃時，請使用輔助道具來幫忙。
11. 請穿著輕便、棉質的瑜珈服。
12. 有流產經驗或子宮頸無力的孕婦，不適合做瑜珈練習。
13. 血壓過高或過低的孕婦，盡量不要做頭在下或倒立的動作。

★孕婦瑜珈使用的道具

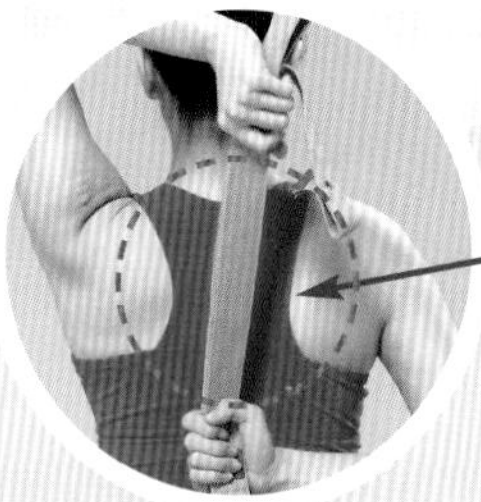

伸展帶 伸展帶可幫助準媽咪將身體肌肉拉開、拉直，保持身體挺直。

瑜珈椅 同樣也是用來幫助媽咪穩定身體重心，支撐身體重量。

瑜珈枕 用來支撐媽咪身體的重量，並維持身體重心的穩定。

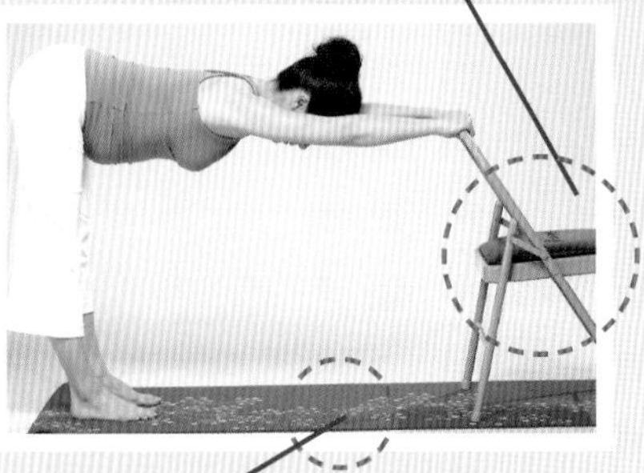

瑜珈墊 因為有個大肚子的關係，使用墊子可讓媽咪們保持舒適。

1.骨盆旋轉式

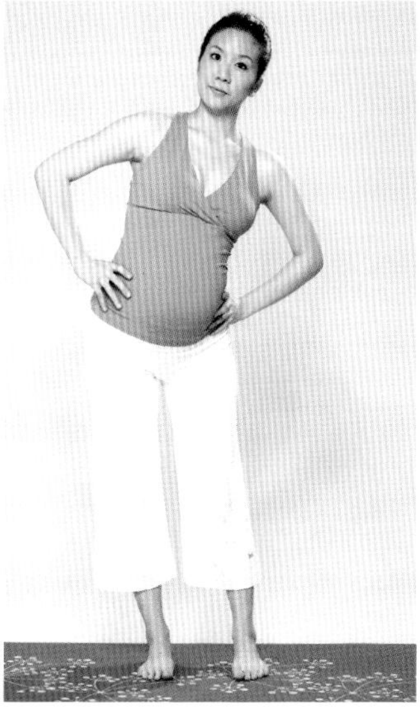

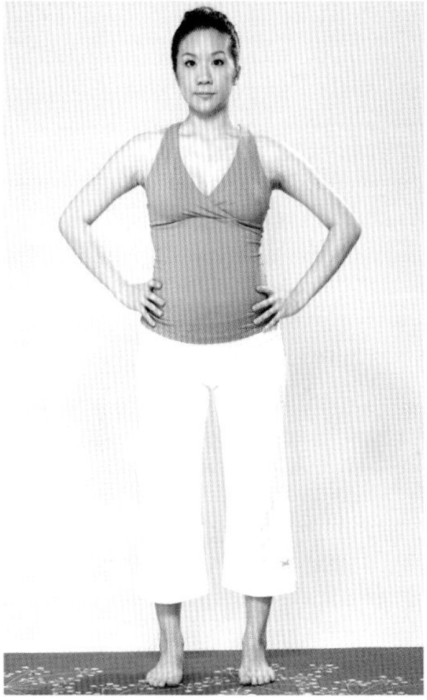

1. 雙手叉腰、雙腳與骨盆同寬站立。

2. 慢慢把骨盆移至右方、重心移至右腳。

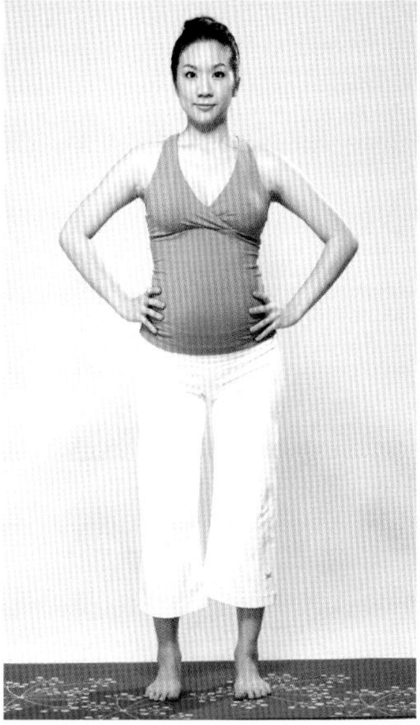

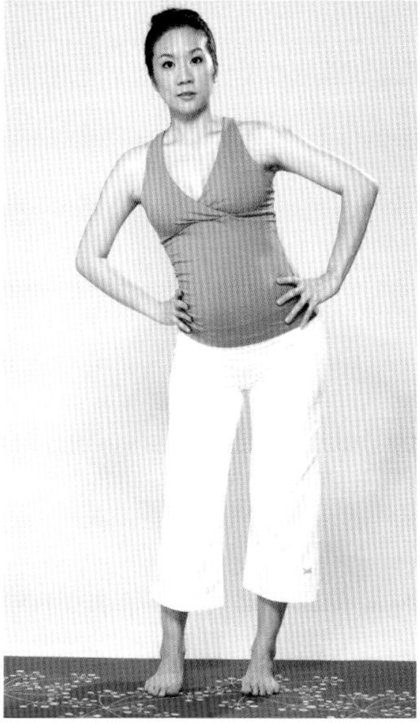

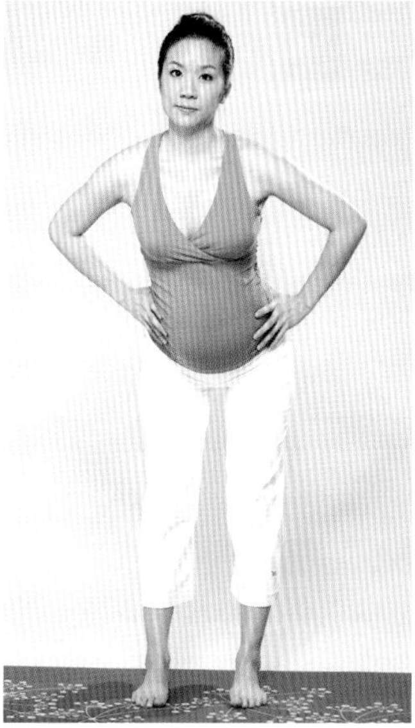

5. 身體再回正，然後換邊。

4. 慢慢把骨盆移至左方、重心移至左腳。

3. 骨盆重心往後。

小叮嚀：1.膝蓋放鬆且稍微彎曲。 2.肩膀及背部也需放鬆。

★功效：加強下盤能量、減輕腰部的痠痛。

2.甦醒式 I

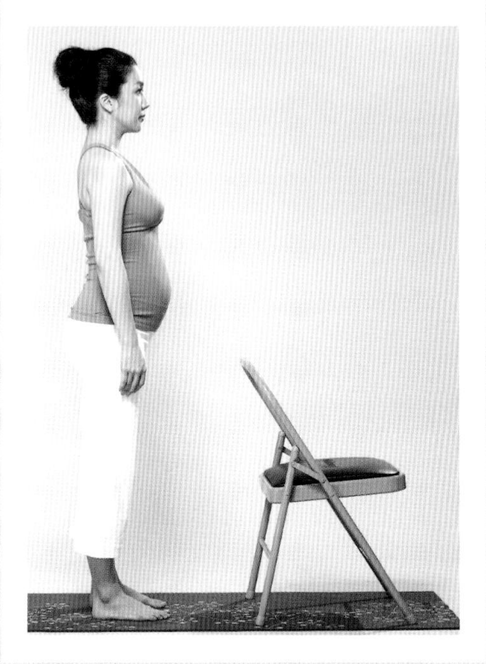

2. 雙手扶住椅背，雙腳往後移動。

1. 雙腳站立與骨盆同寬於椅子後方。

3.

雙腳伸直與骨盆同寬，雙手延伸，拉長背部，尾骨往後延展，保持腹式呼吸，停留5個呼吸（吸吐為1次）。

小叮嚀：高血壓的媽媽避免把頭低於腰部。

★功效：

1. 加強頭部及肩頸的血液循環、增加活力。
2. 加強腿部血液循環、預防水腫。
3. 促進骨盆腔血液循環、釋放脊椎的壓力及減輕因下腹部的重量而造成的腰痠。
4. 擴展腹腔及肺部，給腹中寶寶更多活動空間及氧氣。

3. 頭部旋轉

1. 雙腳盤腿而坐，雙手置於膝蓋，吸氣預備。

2. 吐氣，右耳靠近右肩。

3. 吸氣，頭往後延伸。

4. 吐氣，左耳靠近左肩，頭慢慢往下放鬆，再由右邊開始，3到5圈後再換邊。

小叮嚀：此動作為連續動作，可配合呼吸進行。

★功效：舒緩頭部及肩膀壓力、消除因孕期引起的肩頸痠痛。

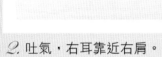

4. 雙腳旋轉

1. 雙腳腳踝往外旋轉，腳趾頭盡量打開。

2. 再往外更多旋轉，腳尖朝前。

3. 腳踝再往裡轉動。

小叮嚀：此動作為連續動作。可以在尾骨下方放置長枕，減輕背部壓力，不過記得雙手要撐住地板或長枕喔！

★功效：減輕下肢浮腫，尤其是腳踝及腳趾。

5.手關節活動

1. 左手握住右手手掌，輕輕把手指往後推，停留三次呼吸。

2. 右手握住左手手掌，輕輕把手指往後推，停留三次呼吸。

小叮嚀：推動手腕時需適可而止，依自己的柔軟度動作。

★功效：減輕雙手手指浮腫的不適感。

6. 跪拜貓式呼吸

1. 雙腳膝蓋跪地，兩腳開度與骨盆同寬，腳背放鬆平貼地板上；雙手手肘打直，手指朝前，手掌完全張開平貼地板，兩手平均用力推地，兩手開度與肩同寬；手臂和大腿與地板垂直。身體呈ㄇ字形，並與地板呈四方形。

2. 吸氣，用鼻子將氣吸飽至腹部，吸氣同時將尾骨→下背→中背→上背→頸部→頭部(延著脊椎)慢慢一節節往前延伸，頭微微抬起，雙眼看斜前方。

3. 吐氣，氣由鼻孔慢慢呼出，腹部往內收縮，吐氣同時由尾骨→下背→中背→上背→頸部→頭部(延著脊椎)慢慢一節節往後收回，頭部完全往下放鬆，背部完全拱起。

★可以在膝蓋下方墊置毛巾，減輕膝蓋壓力。

小叮嚀：練習時應避免強迫腹部收縮。

★功效：增加脊椎彈性，舒緩孕期肩頸、腰部及背部壓力。

7. 貓式搖擺

1. 雙腳膝蓋跪地，兩腳開度與骨盤同寬，腳背放鬆平貼地板上；雙手手肘打直，手指朝前，手掌完全張開平貼地板，兩手平均用力推地，兩手開度與肩同寬；手臂和大腿與地板垂直，身體呈ㄇ字形，並與地板呈四方形，吸氣預備。

2. 吐氣，輕輕將臀部向右搖擺，帶動脊椎及腰部延展，眼睛看右方臀部，再吸氣，回正。

3. 吐氣，再換邊。

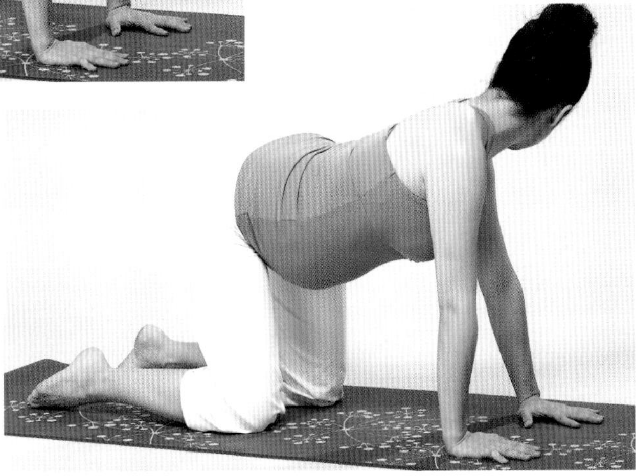

★可以在膝蓋下方墊置毛巾，減輕膝蓋壓力。

小叮嚀：懷孕後期適合輕輕搖擺，不宜太過劇烈。

★功效：舒緩孕期下背部痠痛，及舒緩懷孕後期腹部下墜感而造成恥骨的不適。

8. 金字塔式

1. 雙腳膝蓋跪地，兩腳開度與骨盆同寬，腳背放鬆平貼地板上；雙手手肘打直，手指朝前，手掌完全張開平貼地板，兩手平均用力推地，兩手開度與肩同寬；手臂與大腿與地板垂直。身體呈ㄇ字形，並與地板呈四方形，吸氣預備。

2. 雙腳腳尖墊起。

3. 吐氣，膝蓋離開地板，先讓膝蓋保持一點彎曲，後腳跟離地，延伸妳的小背（尾骨到腰之間），坐骨往天花板延伸，雙腳保持平行。

4.吐氣，雙腳大腿往後推，後腳跟放到地上伸直膝蓋，拉長腿部肌肉而不是用力頂住膝蓋，兩腳保持平行，所以大腿肌肉會有點往內延伸。手臂往前延伸帶動腰部以上的背部肌肉，延展頭部、頸部、手臂、肩膀及背部，坐骨往天花板延伸使上半身保持一直線停留，保持五次呼吸。

5. 吸氣，雙腳腳尖墊起。

6. 吐氣，膝蓋彎曲。

7. 再回預備姿勢。

小叮嚀：手腕受傷者避免此動作，柔軟度不佳者可以彎曲膝蓋減輕壓力。

★功效：改善孕期下肢浮腫，及腰痠背痛、美化肌肉線條、幫助胎位回正。

9. 英雄式呼吸

跨坐於長枕上，大腿盡量靠緊長枕，小腿往內收，背部往上延展卻不過於彎曲，雙手放在下腹部前方，保持5次腹式呼吸。

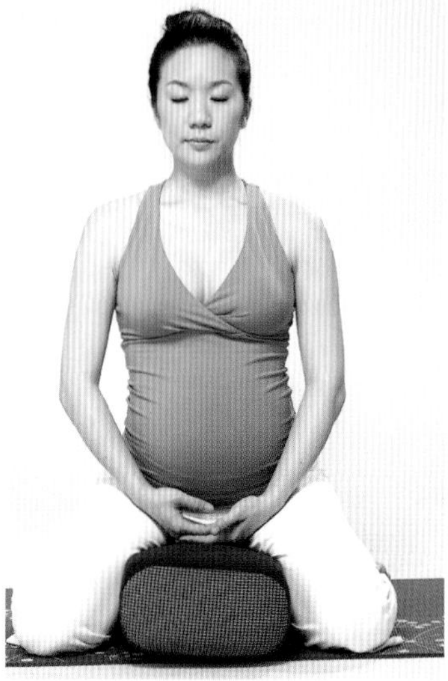

小叮嚀：此動作以1~3分鐘為最佳停留時間，不宜過久。如果你已經有靜脈曲張就必須避免做此動作。

★功效：舒緩久站浮腫的雙腿，防止靜脈曲張。

10. 手臂延伸式

小叮嚀：肩膀不要緊張喔！

★功效：延展手臂肌肉，舒緩上背痠痛。

1. 跨坐於長枕上，大腿盡量靠緊長枕，小腿往內收，背部往上延展卻不過於彎曲。

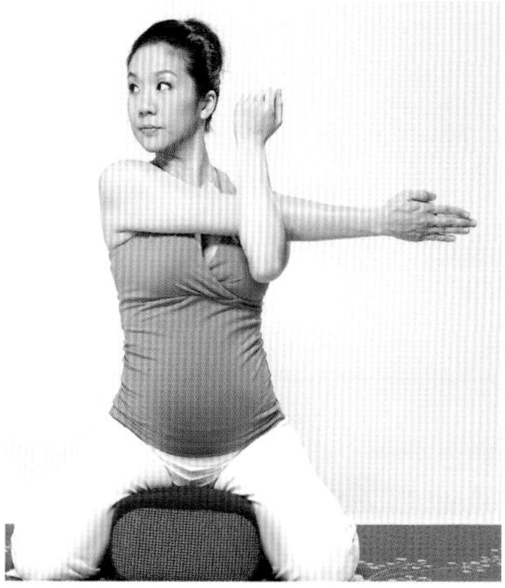

2. 左手輕輕握拳扣住右手手肘，右手臂伸直向左方延展，頭轉向右邊，保持五次呼吸，吸氣身體回正。

3. 再換邊。

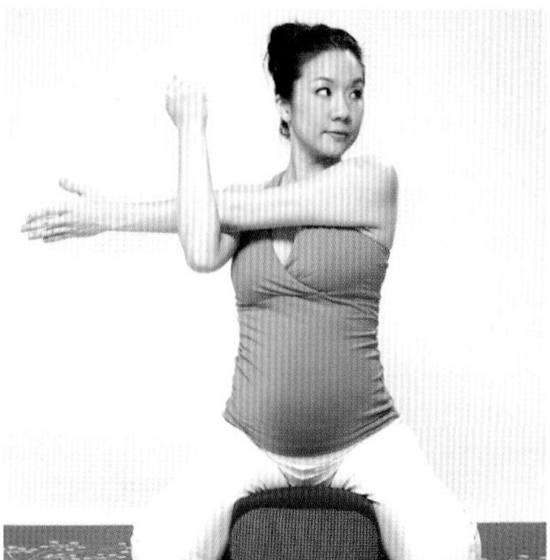

11. 坐姿山式

1. 跨坐於長枕上，大腿盡量靠緊長枕，小腿往內收，背部往上延展卻不過於彎曲，雙手交叉，手掌朝上往上延伸，眼睛平視前方，保持五次呼吸。

2. 吐氣，手肘彎曲往後延展，讓腋下及上胸肌肉更多擴張，下巴盡量靠近鎖骨，保持五次呼吸。

小叮嚀：停留時間不超過五次呼吸。

★功效：延展胸口使肺部有更多空間，舒緩孕期呼吸困難症狀。消除腳踝及手腕的水腫現象。

12. 坐姿蝴蝶

小叮嚀：盡量抓住腳尖或腳踝，讓後腳跟靠近尾骨防止全身晃動。

★功效：加強大腿內側肌力量幫助順產、放鬆胯骨韌帶舒緩腰部肌肉痠痛。

1. 將坐骨穩坐在地板上，雙腿屈膝，腳尖向前，兩腳腳板靠在一起，腳跟盡量靠近鼠蹊部，雙手往前握住兩腳腳板。

2. 膝蓋上下輕輕擺動16個8拍，感覺胯骨及大腿內側肌肉的力量。

★柔軟度佳者雙手抓住腳尖。

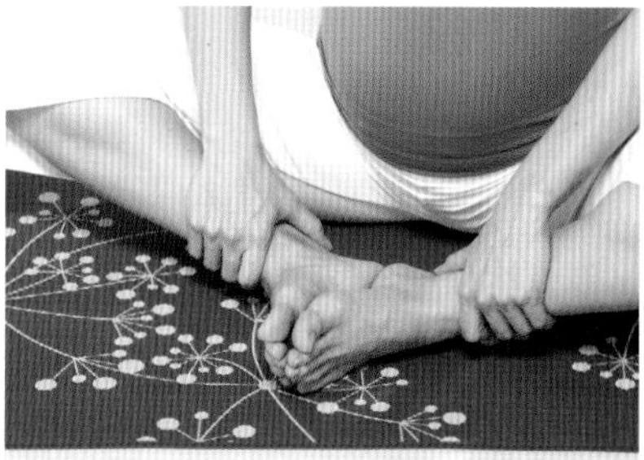

★初學者可以用雙手抓住腳踝。

13. 坐姿扭轉

1. 臀部坐地，雙腿彎曲自然盤腿，背部向上直立，雙手放置膝蓋上方，吸氣預備。

2. 吐氣，將左手放於右膝蓋外側，右手手掌放於身後地面；上半身從肋骨以上往右邊扭轉30度，頭轉向右邊下巴對齊右肩，保持五次呼吸，吸氣身體再回正。

3. 換邊。

小叮嚀：扭轉以30度為限不宜過於勉強。
★功效：舒緩背部的緊繃與痠痛。

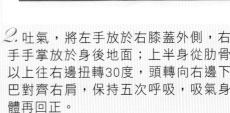

★功效：加強下盤血液循環，延展內側肌肉，舒緩下背及腰部的痠痛。懷孕後期可以舒緩因寶寶下降而引起的恥骨群疼痛。

14. 坐姿展腿式

1. 尾骨下方放置長枕將臀部墊高，坐骨確實坐地，雙腳往外打開，膝蓋伸直朝天花板，雙腳勾起，背部往上延伸，雙手放至膝蓋上方。

2. 吐氣，身體往前，雙手手掌貼地，背部往斜前延展，感覺雙腿內側肌肉的延伸，保持五次呼吸。

小叮嚀：不需要過度延展，如果無法抓住腳尖，可以手放大腿內側地板。

★功效：讓脊椎往側邊延展，活動背部僵硬肌肉群。

15. 坐姿舉目式

1. 尾骨下方放置長枕將臀部墊高，坐骨確實坐地，右腳往外打開，膝蓋伸直朝天花板，腳勾起，左腳彎曲，背部往上延伸，雙手放至膝蓋上方。

2. 吐氣，右手儘量抓住右腳腳尖，左手往右斜上方延展，坐骨不離地，眼睛凝視天花板，保持五次呼吸後再換邊。

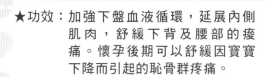

16. 騎馬式

★功效：改善失眠症狀、加強下背力量使準媽媽有挺立的身形、活化腹腔器官、加強下盤血液循環。

1. 坐在地板上(可在臀部後面接近尾骨的地方墊枕頭或毯子)兩腳往前延伸，吸氣，右腳彎曲讓腳後靠近恥骨，腳掌頂住左大腿內側，右小腿盡量彎曲靠近右大腿膝蓋平放地板(如果右膝蓋不能完全平放在地板可以在膝蓋下放置毯子)。

2. 吐氣，上半身微微往左邊轉動使骨盆及上半身轉向正面，兩手往下推，把上半身微微往上提，讓右大腿用力平放在地板，停留在這個姿勢使用瑜珈繩幫助妳延長脊椎，同時坐骨往地下扎根，保持五次呼吸後再換邊。

17. 蹲跨式

小叮嚀：32週後的準媽媽避免此動作，因為寶寶已成分娩狀態。

★功效：舒緩下背疼痛，同時給腹中寶寶更多的活動空間。

1. 將臀部坐於長枕上方，雙腳彎曲預備。

2. 膝蓋往外打開，雙腳確實踩地，讓膝蓋與腳尖是對齊的，雙手合掌，手肘外展放在膝蓋內側讓膝蓋往外打開，背部往上延展，尾骨朝下，眼睛平視前方，保持呼吸。◎如果雙腳後跟無法著地，可以用毯子或毛巾墊在後腳跟下。若是雙腳無法完全支撐身體重量，可以坐在磚頭或枕頭上，或靠牆。

18.平桌式

1. 坐在地板，雙腳彎曲與臀部同寬，雙手放在臀部後方與肩同寬，脊椎延伸，背部挺直，眼睛直視正前方。

2. 吸氣，雙手撐地，雙腳推地，臀部往上抬。

3. 臀部再往上抬高，上半身平行於地板與桌面一樣平坦，頭往後揚，雙腳踩地，雙腿保持平行，保持呼吸停留10~15秒。

4. 吐氣，臀部往地板下降，慢慢帶上半身回來。臀部坐回地板，頭部回到中間，回到預備位置。

小叮嚀：32週以後的準媽媽不要過度延展，或是手腕受過傷的準媽媽應避免練習此動作。

★功效：加強下盤、臀部及大腿力量、舒緩及延展下背肌肉，改善腰痠。

19. 搖曳式

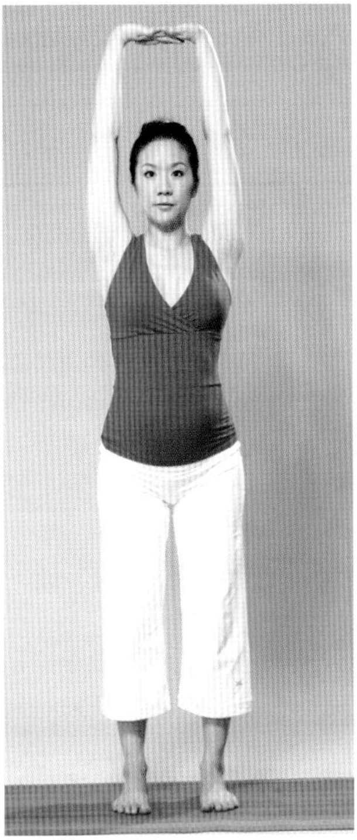

1. 雙腳打開與骨盆同寬，雙腿膝蓋伸直，腳板保持平行，十指相扣，手掌朝天花板，延展雙手手臂。

2. 吐氣，雙手往右斜上方延展，帶動背部往斜上方延伸，骨盆保持平行，感覺雙腳往下踩地的力量，吸氣，身體再回正。

3. 再換邊。左右為一次，可重複4到5次。

小叮嚀：雙腳需穩穩的踩地，臀部不要跟著搖動，只有腰部以上延展。記得不要翹屁股，不然容易造成腰部的傷害。

★功效：延展整個背部肌肉群，舒緩上半身的緊繃感。美化上半身的線條。

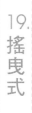

20. 大能膀臂式

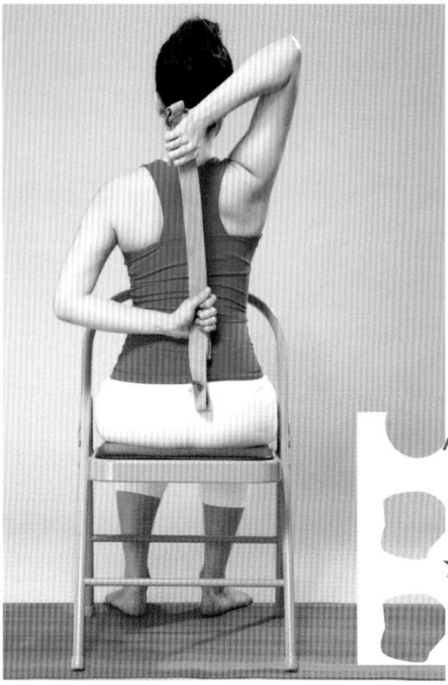

右手往上，左手往下抓住背後瑜珈繩，右手手肘盡量朝天花板，左手手肘往後推，感覺胸口肌肉與手臂肌肉不斷延展，保持呼吸一分鐘後再換邊。

小叮嚀：如果覺得此動作非常吃力，有可能是胸口肌肉及肩膀的延展性不夠，不要太過勉強，雙手抓繩的距離可以依自己的能力調整。

★功效：延展上胸肌肉，避免妊娠期胸部下垂，給胸部及淋巴適度的按摩促進產後乳汁分泌，也可以舒緩上背的緊繃感。

21. 默想式

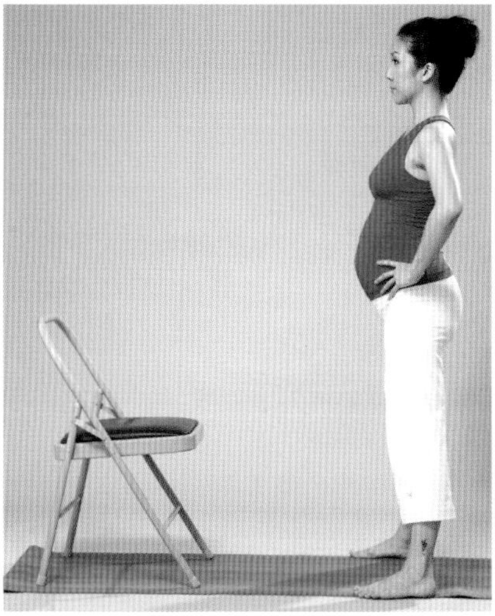

1. 雙腿往旁張開，雙腳腳板內緣平行，雙手叉腰。吸氣，脊椎往上延伸，保持身體平衡。

2. 吐氣，從髖關節帶動上半身往前彎，十指交扣，手肘撐住椅墊。臉朝下延伸頸部，雙腿膝蓋保持伸直，尾椎往後延伸，雙腳力量往地板踩；背部往前拉長，身體重心微微往前。保持呼吸一分鐘，先彎曲雙腳，雙手再次叉腰，吸氣，把上半身提起，慢慢回到預備位置。

★功效：促進骨盆的血液循環，減輕因寶寶下降而造成的骨盆緊繃感、舒緩背痛、擴張肺部，減輕呼吸困難的症狀，減輕因寶寶壓迫而造成胃部的蠕動不良。

22. 大能勇士式 II

小叮嚀：每一次的吸氣，感覺氣充滿妳的脊椎及肩胛骨，讓上半身更多延展。記得讓背部直立，不要翹屁股，不然會壓迫到腰椎，在生產後，腰椎容易長骨刺。

★功效：伸展雙腿，可以美化腿部肌肉線條消除浮腫，也可以延展下背加強下背力量，讓上半身線條更挺直，減輕孕期腰痠背痛的症狀。

1. 雙腿往旁張開（寬度約為自己一條腿的長度），雙腳腳板內緣平行。吸氣，脊椎往上延伸，帶動雙手往兩旁舉起，手心相對，手指併攏。

2. 上半身不動，右腳板往右轉動90度，左腳板也往右轉動60度。

3. 吐氣，右腿彎曲90度，盡量使大腿與地板平行（可依自己的重心調整兩腳之間的寬度），膝蓋對齊腳尖。雙手往兩旁延展，指頭併攏，與肩膀同高。頭轉向右邊，眼睛直視右方，保持呼吸，停留10~30秒。吸氣，右腿伸直，回到預備位置，再換邊。

23.大能勇士式II（椅子輔助）

1. 跨坐於椅子，右腿彎曲，膝蓋對齊腳尖，左腿往後延展，腳板內扣，兩腳仍然踩於地。

小叮嚀：有了椅子的輔助可以延展更多的上半身及保持延展。

★功效：伸展雙腿，可以美化腿部肌肉線條消除浮腫，也可以延展下背加強下背力量讓上半身線條更挺直，減輕孕期腰痠背痛的症狀。

2. 吸氣雙手往兩旁舉起，與肩膀同高，頭轉向右邊，眼睛直視右方，保持呼吸，停留10~30秒後再換邊。

小叮嚀：避免把重量壓迫於彎曲腿，必須用更多腰背的力氣支撐，不然會更多壓迫薦髂骨，造成疼痛。

★功效：讓兩邊的側腰有更多的延展，舒緩腰背的痠痛。美化肩膀及腿部線條。

24. 側邊延伸式

1. 雙腿往旁張開（寬度約為自己一條腿的長度），雙腳腳板內緣平行。脊椎往上延伸，雙手叉腰。

2. 右腳板往右轉動90度，左腳板也往右轉動60度。

3. 吐氣，右腿彎曲，左腿伸直，右手撐於右腳大腿，左手往右斜上方延伸，背部延展，眼睛看天花板。

4. 身體回預備位置後再換邊。

BOX 薦髂骨

連結骨盆與大腿骨之間的骨頭，女性在孕期時骨盆之間的骨頭容易呈現鬆弛現象，所以容易受傷，也容易造成髖關節韌帶的緊繃，而造成腰痠背痛。

小叮嚀：得讓兩腳後跟成一直線，避免兩腳過於交叉。

★功效：舒緩下背痠痛，打開胸口及肩膀肌肉群，延展脊椎。

25. 甦醒式 II

1. 雙腳前後跨開，兩腳後腳跟呈一直線，雙手叉腰，骨盆回正，肚臍眼朝正前方，背部拉長，眼睛直視前方。

2. 吐氣，從髖關節帶動上半身往前彎，雙手扶住椅墊，背部至頸部到頭頂成一直線，骨盆兩邊保持平行，尾骨往後延伸，雙腿膝蓋打直，雙腳往地板踩。每一次吸氣擴展妳的胸腔及腹腔，讓背部更多的延展，吐氣再放鬆，保持五次呼吸後再換邊。

小叮嚀：如果妳是低血壓的準媽媽，把妳的雙手叉腰。

★功效：加強雙腿力氣及下背力量，幫助順產、延展腹腔及肩膀，美化線條。

26. 大能勇士式 I

1. 雙腿往旁張開（寬度約為自己一條腿的長度），雙腳腳板內緣平行。吸氣，脊椎往上延伸，帶動雙手往兩旁舉起，手心相對、手指併攏。

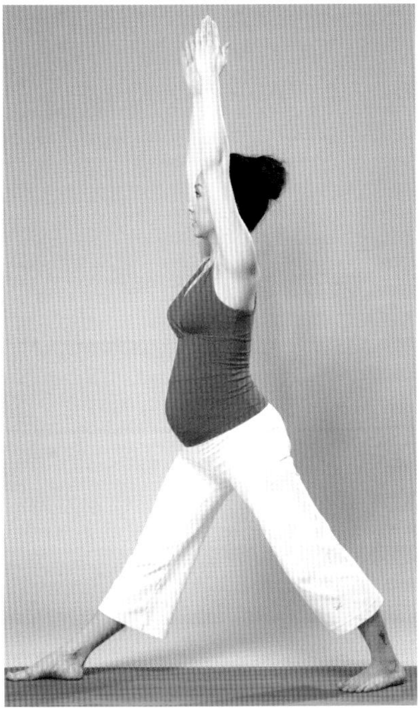

2. 用骨盆帶動上半身往右轉動90度。雙手手肘打直往上舉起，手臂高度在耳朵兩旁，手心朝內，往上延伸即可。

3. 吐氣，右腿彎曲（可依自己的重心調整兩腳之間的寬度），後腿膝蓋伸直，頭略略抬起，保持呼吸，停留五次呼吸再換邊。

給第三孕期準媽咪的7種好孕瑜珈

能量媽咪YOGA

加強能量、舒緩產前不適症狀

27.頸部舒緩式

1.雙腳盤腿而坐，雙手置於膝蓋，吐氣預備。

2.鼻子吸氣，頭轉向右邊。

3.嘴巴吐氣回正。

4.鼻子吸氣，頭轉向左邊。

小叮嚀：
記得配合鼻吸嘴吐的呼吸法。
此動作可依自己的需求次數練習。
★功效：舒緩懷孕後期肩頸的緊繃感。

28. 給與式

小叮嚀：手臂要確實伸直，不過須依自己的柔軟度給予手掌適度的延展，不要過於勉強。

★功效：舒緩懷孕後期雙手腫脹的不適感，延展手臂肌肉線條。

1. 雙腳盤腿而坐，左手手臂伸直，手指頭朝下，右手握住左手掌，感覺左手臂的延展，保持五次呼吸。

2. 雙腳盤腿而坐，右手手臂伸直，手指頭朝下，左手握住右手掌，感覺右手臂的延展，保持五次呼吸。

29. 跪拜貓式呼吸

1. 雙腳膝蓋跪地，兩腳開度與骨盆同寬，腳背放鬆平貼地板上；雙手手肘打直，手指朝前，手掌完全張開平貼地板，兩手平均用力推地，兩手開度與肩同寬；手臂和大腿與地板垂直。身體呈ㄇ字形，並與地板呈四方形。

2. 吸氣，用鼻子將氣吸飽至腹部，吸氣同時將尾骨→下背→中背→上背→頸部→頭部(沿著脊椎)慢慢一節節往前延伸，頭微微抬起，雙眼看斜前方。

3. 吐氣，氣由鼻孔慢慢呼出，腹部往內收縮，吐氣同時由尾骨→下背→中背→上背→頸部→頭部(沿著脊椎)慢慢一節節往後收回，頭部完全往下放鬆，背部完全拱起。

小叮嚀：練習時應避免強迫腹部收縮。
★功效：增加脊椎彈性，舒緩孕期肩頸、腰部及背部壓力。

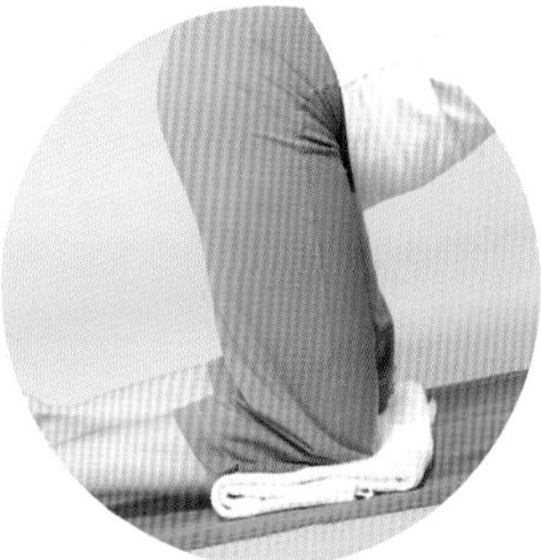

★可以在膝蓋下方墊置毛巾，減輕膝蓋壓力。

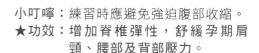

30.腹式呼吸（蝴蝶式）

小叮嚀：尾骨下方記得要墊置長枕或浴巾，減輕背部壓力。

★功效：促進下盤血液循環，幫助順產，安定情緒。

坐地雙腿彎曲呈蝴蝶式（尾骨下方可放置枕頭），背部拉長，雙手輕輕放在下腹部，閉上眼睛，全身肌肉放鬆不刻意用力，用鼻子吸氣，感覺氣體經過鼻子、喉嚨、胸腔慢慢填滿腹部直到腹部完全隆起，再用鼻子緩緩吐氣，直到腹部的氣體完全吐光，腹部自然下凹，再繼續吸氣如此循環。

31.蹲跨式

小叮嚀：32週後的準媽媽避免此動作，因為寶寶已成分娩狀態。

★功效：舒緩下背疼痛，同時給腹中寶寶更多的活動空間。

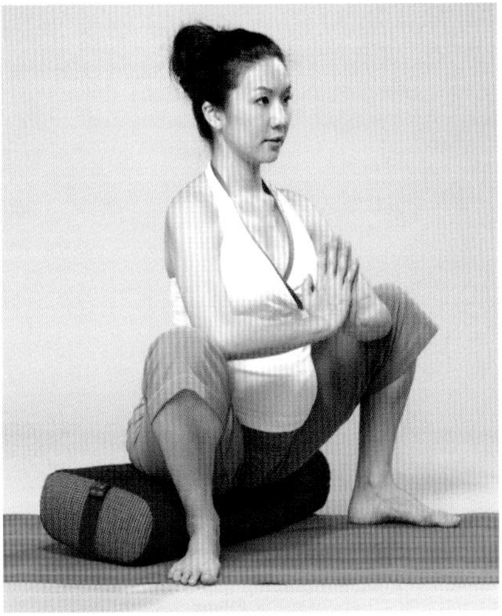

1. 將臀部坐於長枕上方，雙腳彎屈預備。

2. 膝蓋往外打開，雙腳確實踩地，讓膝蓋與腳尖是對齊的，雙手合掌，手肘外展放在膝蓋內側讓膝蓋往外打開，背部往上延展，尾骨朝下，眼睛平視前方，保持呼吸1分鐘。

◎如果雙腳後跟無法著地，可以用毯子或毛巾墊在後腳跟下。如果雙腳無法完全支撐身體重量，可以坐在磚頭或枕頭上，或靠牆。

小叮嚀：不需過度伸展，只要打開胸口，感覺雙手的延展。

★功效：加強下盤柔軟度及穩定性，幫助順產。舒緩懷孕後期腰背的痠痛，減輕下肢浮腫現象。

32. 伸展舉目式

1. 雙腳左右打開，雙手叉腰，右腳板往右轉開90度，左腳板也向右轉動60度。

2. 吸氣，脊椎往上拉長；吐氣，上半身從腰部往右邊平行移動，將左側腰肌肉延展開來。右手往下撐住椅墊，吸氣，脊椎往前拉長，左手手肘打直往上延伸，頭慢慢提起，眼睛看到左手手指。胸腔往前打開，骨盆往前翻正，雙腿往下踩穩。保持呼吸，停留1分鐘。吸氣，上半身往上提起，再換邊。

33. 坐姿休息式

雙腳自然往外打開膝蓋伸直、腳尖朝上，雙手交叉放在椅墊上，臉側一邊貼近雙手，身體放鬆保持自然呼吸。

小叮嚀：依自己的高度選擇椅子，以自己舒適為主。

★功效：放鬆身體肌肉，減輕孕期腰酸背痛及頭痛症狀。

「好孕瑜珈之呼吸篇」

學習瑜珈式呼吸法的5個好處

1.給寶寶更多「游泳」空間

瑜珈的呼吸法，是藉由腹部肌肉的收放，按摩內臟並排出廢氣，如此一來，可以增加整個腹部的彈性，給肚子裡的寶寶更多的活動空間。

2.減輕背痛、美化線條

懷孕最容易造成準媽咪背部痠痛及下背部緊繃，瑜珈呼吸可讓肌肉放鬆，減輕背部不適。除此之外，瑜珈呼吸還可以活絡上半身肌肉、美化線條，讓準媽媽在孕期中不至於身材走樣。

3.放鬆心情不憂鬱

瑜珈呼吸練習，可以幫助身心放鬆及改善憂鬱、低潮、煩躁等情緒，讓準媽咪處在心平氣和的良好胎教氛圍中。

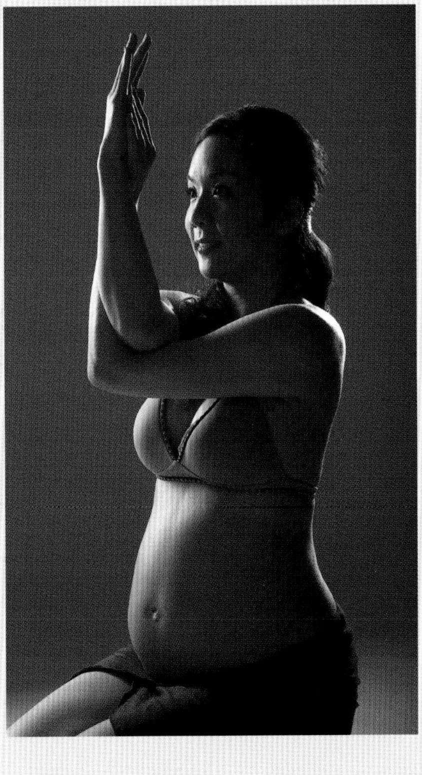

4.改善懷孕後期的呼吸困難

妊娠後期，因為胎兒愈變愈大，向上頂到媽咪的橫膈膜，因而減少肺活量，讓準媽咪常常上氣不接下氣。瑜珈呼吸法是一種完全呼吸法，它幫助準媽咪們吸到更多的氧氣，不僅減輕心臟的負荷、增加肺活量，體內的含氧量也跟著提高，呼吸品質自然提升，身體就不容易累。

5.幫助睡眠

在懷孕的中後期，準媽咪的大肚皮，往往成了睡眠的大殺手，左躺右擺都不是，怎樣也睡不好，利用瑜珈呼吸法，可消除肚皮緊張的壓力，放鬆全身的肌肉，在平靜愉悅的狀態中，當然很快就安然入睡。

媽咪YOGA的三種呼吸法

媽咪呼吸YOGA

喚醒呼吸、增加身體含氧量、舒緩產前陣痛幫助順產、穩定情緒、減少產前焦慮

孕婦瑜珈呼吸法適合所有的孕期，常用的為「肋骨呼吸法」、「腹式呼吸法」及「舒緩呼吸法」。

1. 肋骨呼吸法

保持盤腿坐姿「尾骨下方可放置枕頭」，雙手放在肋骨兩旁，閉上眼睛，全身肌肉放鬆不刻意用力。吸氣，感覺氣體從喉嚨進入，並振動聲帶，因此會自然發出細微的呼吸聲。讓氣體逐漸充滿下腹部、上腹部，肋骨也隨之往外擴張開來，持續吸氣，直到氣體充滿整個上半身(包括胸腔、背部)，再緩緩將氣體完全吐出體內。整個吸吐氣的循環盡量長且深。

小叮嚀：身體疲憊或緊張時也可以試著用嘴巴吐氣，尤其是在產前陣痛時，可以試著把氣集中於上半身肋骨及胸骨處，舒緩陣痛。

★功效：擴張背部肌肉舒緩緊繃感，穩定神經、舒緩產前陣痛。

2. 腹式呼吸法

坐地雙腿彎曲呈蝴蝶式（尾骨下方可放置枕頭），背部拉長，雙手輕輕放在下腹部，閉上眼睛，全身肌肉放鬆不刻意用力，用鼻子吸氣，感覺氣體經過鼻子、喉嚨、胸腔慢慢填滿腹部直到腹部完全隆起，再用鼻子緩緩吐氣，直到腹部的氣體完全吐光，腹部自然下凹，再繼續吸氣如此循環。

小叮嚀：做更深層的呼吸，去感覺橫隔膜、腹部因氣體增加所產生的擴張。

★功效：當氣體完全充滿腹部時，可按摩到體內的內臟及器官，也給寶寶更多的刺激及含氧量，可放鬆肌肉的緊繃，有安定思緒、穩定自律神經等功效。

3.舒緩呼吸法

妳可以準備2~3個枕頭或毯子將上半身支撐仰躺30度左右〈可以依自己的舒適程度調整角度〉，上半身從尾骨到頭頂需要完全被枕頭所支撐，雙膝彎曲，膝蓋下再放置一個長枕，雙手往上延展交扣，閉上雙眼，全身及臉部肌肉保持放鬆。

每一次的呼吸可以感受三個部位：胸口、肋骨，以及因著呼吸而上下移動的橫隔膜。

小叮嚀：可以依自己的需求調整練習時間，記得讓上半身有一定的高度，才不會造成呼吸困難。

★功效：此呼吸法在第三孕期感到呼吸困難時是很好的舒緩方法，可以在睡前或感到不適時練習，也可以當成休息姿勢，讓腰背及全身肌肉得到適度的放鬆。

媽咪休息YOGA

讓身體充分休息、舒緩後期不適症狀及產前陣痛(適合所有孕期)

1.完全休息式

準備2~3個枕頭或毯子將上半身支撐仰躺30度左右(可以依自己的舒適程度調整角度),上半身從尾骨到頭頂需要完全被枕頭所支撐,雙腳自然伸直微開,雙手自然打開放鬆,手心朝上,閉上雙眼,全身及臉部肌肉保持放鬆,自然呼吸,依自己的需求調整練習時間。

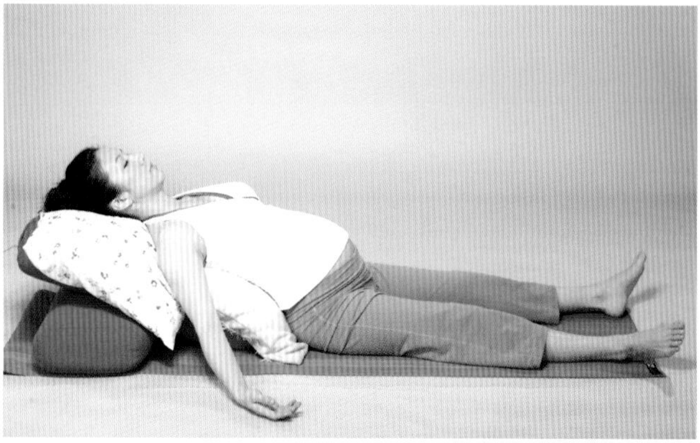

小叮嚀:記得讓上半身有一定的高度,才不會造成呼吸困難。

★功效:可以在睡前或感到不適時練習,讓腰背及全身肌肉得到適度的放鬆。也有安定產前焦躁情緒的功效。

2.嬰兒休息式

準備三個枕頭或長枕,前方枕頭上下重疊,上方枕頭可以往前移動,讓腹部有足夠空間放置,另一個較柔軟的枕頭可以放在跪姿膝蓋或小腿的下方。臉側一邊,雙手放鬆抱住枕頭讓上半身完全放鬆於枕頭上,雙腳膝蓋打開,讓全身肌肉放鬆,保持呼吸。

小叮嚀:可以依自己的需求調整休息時間,記得適度的調整前放枕頭,讓腹部有足夠的空間,避免壓迫到腹部。

★功效:可以在睡前或感到不適時練習,讓腰背及全身肌肉得到適度的放鬆。也可以於產前陣痛時練習,舒緩緊繃肌肉。

打造聰明A⁺寶寶

開發未來潛能280天是關鍵

Chapter 9

寶寶生命中的第一個家，就是媽咪的肚子。寶寶必須在這第一個家裡住上280天，從這個「家」開始，寶寶將從一粒小豆長到一個小娃。寶寶的好壞，就看這個「家」能不能提供給他最好的保護、優質的環境及充足的營養，讓他可以頭好壯壯的來到這個世界。

因此寶寶所受的第一個教育，就是胎教。胎教不是一味道聽塗說、跟著胡亂執行，而是要確實了解寶寶發展的過程，才能給予寶寶真正的需要。隨著寶寶慢慢發展出的五種感官（聽覺、觸覺、視覺、嗅覺、味覺）來探索這個世界，媽咪們，請看好我準備給大家的建議及有效的腦部發育刺激！給寶寶最佳的孕育環境和完全的營養補充，讓寶寶還在母體孕育中時，就有機會讓身心都獲得優質的發育。

懷孕第一期 孕媽咪該注意寶寶的觸覺發展

這是寶寶發育的第一個重要階段，寶寶的五官、心臟及腦部神經系統從此時開始形成。因此均衡的飲食、足量的蛋白質、礦物質及維生素補充，對寶寶的健康發育是很重要的。

觸覺

寶寶在10週大左右，就有觸覺感受了，到了4個月大的時候，寶寶就已經藉著吸吮拇指來體驗觸覺刺激，因此孕媽咪可以從這個時候開始給予寶寶更多的觸覺刺激，以促進寶寶腦部功能的發展，讓情緒更穩定。

按摩

按摩是給寶寶最好的觸覺刺激的方式，孕媽咪可以用手輕撫或輕拍肚皮，每天在擦妊娠霜的同時，用雙手畫圈的方式在肚皮的四周輕輕滑動，讓寶寶感受到更多羊水的刺激。

呼吸

懷孕初期胚胎尚未穩固，所以不鼓勵做太劇烈的運動，可利用瑜珈的三種呼吸法，增加身體的含氧量，並以正念的冥想，與寶寶做正向的接觸溝通。

照片提供／嬰兒與母親雜誌

SPA

ＳＰＡ不僅是幫助孕媽咪放鬆，也是給寶寶在肚子裡觸覺接觸的第一步。有經驗的芳療師表示，在她們幫孕媽咪手療按摩的經驗中，肚裡的寶寶有時會隨著芳療師的按摩節奏，跟她們做有趣的互動呢。

營養

雖然說孕媽咪在這個時期多半是沒什麼食慾的，但還是要注意營養，因為從整個孕期開始，就是寶寶跟著媽媽吃，吃，不一定要吃「貴」的，但一定要吃「好」的。

1. 蛋白質：

這是寶寶生長的最基本原料，此時對寶寶非常重要，適量且高品質的蛋白質，才能幫助胎兒的生長。

攝取來源：以動物後腿瘦肉、魚、蛋、豬肝含量最多。

2. 脂肪：

在攝取上面要注意亞麻油酸及次亞麻油酸的含量比例，才能確保母體合成足夠的ＤＨＡ，以供寶寶腦部的發展。因為唯有透過母體自行合成的ＤＨＡ，才能發揮完善的效果。

攝取來源：瘦肉、魚、蛋、全脂奶、豆腐含量豐富。

3. 維生素：

特別是鋅、鐵、葉酸及維生素Ａ的補充，除了幫助孕媽咪預防貧血，並且可以幫助胎兒神經系統的發育。補充足量的鋅，可以避免孕媽咪在懷孕初期因缺乏鋅所產生的倦怠感及早產。

攝取來源：

鋅：海產、內臟及肉類。

鐵：牛肉、豬肉、內臟等，但蛋黃、醋、菠菜會干擾鐵的吸收，請勿搭配食用。

葉酸：屬於維他命Ｂ群之一，孕媽咪攝取不足時，寶寶容易發生神經管的缺陷。攝取來源：綠色蔬菜如波菜、花椰菜，及動物內臟。

維生素Ａ：魚肝油、肝臟、深綠色或深黃色蔬菜和水果中含量最豐富，其次為奶、蛋類。

懷孕第二期

寶寶的視覺、聽覺、嗅覺三感發育

此時胎兒的器官持續發展成形，心臟、血液循環開始，臉部特徵也變得明顯。

孕媽咪在此階段應補充足量的鐵質，以預防貧血，此外足量的維他命Ｂ群，則可幫助母體及寶寶紅血球的形成；足量的鈣質，可幫助胎兒骨骼發育，避免腿部痙攣抽筋；補充鋅、鉬、碘、錳等，用以幫助胎兒的骨骼、神經系統及腺體的發育。

視覺

寶寶在4個月的時候，就能隔著肚皮感受到了光的照射。而孕媽咪在這個時候因為身體的穩定，不妨多給寶寶光的刺激，以利視覺良好發育。

曬太陽

曬太陽對孕媽咪及寶寶都是很好的活動，曬太陽不僅能讓媽咪身體產生維生素D，有助於鈣質的吸收，也能讓寶寶感受自然光的刺激。只不過要做好防曬，避免在正午的時候曬太陽，以免曬傷。

閱讀

有空時多做些「心靈」補給，也可讓寶寶感受到知識的吸收。

★The Girlfriend guide to pregnancy

我在美國買的暢銷孕婦書，裡面涵蓋了懷孕的甘苦，以及教妳如何做個有外表也有裡子的美麗孕婦。

★為未生的孩子禱告

這是身為基督教徒幾乎必備的一本書，藉著祈禱的念力傳達，為未生的孩子祈求平安與喜樂。

★Secrets of the Baby Whisperer

這是一本神奇的育兒寶典。本書已譯成多種語言在德國、英國、荷蘭、芬蘭與中南美洲等地發行。如何和不會講話的寶寶溝通？如何正確護理妳的寶寶？「兒語專家」崔西集20多年來的寶貴經驗，一一告訴妳，教妳成為有智慧的父母。

聽覺

等到寶寶五個月大時，可以感受到媽咪體內的聲音，如心跳、打噴嚏等，約七個月大以後，可以聽得到外界的聲音，也在這個時候學會記得媽咪的聲音，所以可以從這時開始讓寶寶接觸音樂。

聽音樂一直被視為胎教重要的一環，有人說孕婦要多聽莫札特與巴洛克時期的音樂，就會生出聰明又情緒穩定的小孩，而我偏好那種單一、平靜的音樂，我在孕期最常聽的是大提琴，還有德布西與拉威爾的鋼琴曲，嗯，感覺就像在做瑜珈般的平靜。

★David Darling/ 8 String Religion八弦大提琴

古典優雅、舒緩身心的心靈音樂。優美的旋律與無可挑剔的細膩曲風聽似淡然，卻又好像能直抵內心深處，令人分外覺得平靜舒坦，甚至舒坦到可以緩緩安眠。

★Apple of His Eyes

用披頭四音樂做成的童謠版，有男寶寶版本及女寶寶版本，我兩張都有買，男寶寶版本自己留著，女寶寶版送給也是剛當媽媽沒多久的我的弟妹。

★聖經

這是心靈滋養的養料，讓妳在生產的道路上沒有恐懼，只有喜悅，因為神永遠與妳同在。

★馬友友/Appassionato熱情大提琴的音樂之旅

馬友友首度親自挑選16首從1978到2006年間的錄音作品，呈現他音樂生涯中每一階段的獨特性與開創性，帶著「熱情」的主題，感受到純真與認真執著的一面，讓人聽了很愉悅又充滿活力。

★MOZART/DIE ZAUBERFLOTE魔笛

莫札特生前最後一部歌劇作品，也是他三部傑出歌劇的其中之一。其中有很多耳熟能詳的民謠歌曲，聽了讓人有輕鬆愉快的心情。

★PUSS IN BOOTS穿靴子的貓

這不是音樂，但是很適合懷孕媽咪聽的童話有聲書，包含了三隻小熊、仙履奇緣、美女與野獸等6個經典英文故事，聽起來相當有趣可愛，也可以事先為寶寶在媽媽的肚子裡營造一個美語環境。

★WALTER GIESEKING/DEBUSSY季雪金演奏德布西前奏曲第一冊、貝加馬斯克組曲、兒童的角落

季雪金被喻為法國印象樂派最偉大的演奏家，在德布西的彈奏上，無疑是他一生最大的成就。孕媽咪可以特別聆聽本張CD中的「兒童的角落」，此曲是德布西看著女兒天真無邪笑容，幻想著鑽進她童稚的世界裡，一同暢遊女兒所感受的童話世界，享受屬於孩童的浪漫幻想而創作出來的曲子，聽來特別有可愛、純真讓人發出會心微笑之感。

嗅覺

寶寶到了六個月大，已經可以藉由羊水嗅出媽咪的味道，並記憶在腦中，當寶寶出生後，就能憑這個記憶的氣味，分辨出媽咪來。因此孕媽咪透過香氛來舒緩身心，不但增加體內的含氧量，還能間接刺激寶寶的大腦發育。

精油

辛巴達精靈、阿南西精靈。兩者都適合做擴香，可讓日常生活空間充滿隱約的香氣。平日長期嗅聞可強化免疫系統，讓自己與寶寶都健康。

上山

山裡的新鮮空氣與天然的芬多精，可以讓媽咪與寶寶都頭腦清楚，精神愉快。我在孕期時，每逢週末，我和老公總是喜歡到山上待一天，踏青的感覺，格外讓人放鬆及人愉悅。

營養

1. 維他命B群：

B2為孕媽咪及寶寶組織形成所需。B6幫助孕媽咪蛋白質新陳代謝，促進紅血球的形成。B12與細胞分裂及蛋白質製造相關，素食孕媽咪所餵哺的嬰兒最容易缺乏。

攝取來源：B2可從牛奶、肉類、內臟、蛋及酵母獲得。B6可從全穀類、豬肉、雞肉及魚肉等獲得。B12可從動物肝臟、腎臟、肉及奶製品等獲得。

2. 鈣質：

幫助骨骼的發育、鎂的吸收及血液凝結。及早開始儲存身體足量的鈣質是非常必要的。但牛奶勿與甘藍及菠菜一起食用，那會降低鈣質的吸收。

攝取來源：牛奶、小魚乾、大骨湯。

3. 鉬：

為寶寶神經發育的重要元素。

攝取來源：牛奶、穀類及肝臟皆含量豐富。

4. 碘：

幫助孕媽咪及寶寶的甲狀腺功能運作正常。

攝取來源：海產類及海藻類。

5. 錳：

為寶寶骨骼發育、關節生長及聽力發育所必需，錳的缺乏會導致胎兒生長遲緩、骨骼發育異常及內耳畸形。

攝取來源：藍莓、萵苣、鳳梨等。

6. 卵磷脂：

這是我孕期中的補腦食品，卵磷脂具有促進細胞結構正常化、活化人體新陳代謝、避免細胞過早老化的功效。充足的卵磷脂可提高資訊傳遞的準確性，有集中注意力及增強記憶力的功能。孕媽咪可透過補充卵磷脂，增加自己的腦力，也有利於正處於大腦發育關鍵時期的寶寶。

攝取來源：大豆、蛋黃、核桃、堅果、肉類及動物內臟。嫌麻煩的媽咪，可以到有機食品店購買已經處理成顆粒狀的卵磷脂，加在日常飲食內食用即可。

7. 綜合堅果：

孕媽咪的超級小零嘴。堅果素有「強腦之果」之稱，堅果含蛋白質、十幾種重要的氨基酸以及對大腦神經細胞有益的多種維生素鈣、磷、鐵、鋅等。不管對孕媽咪，還是對寶寶，都是補腦聖品，只是堅果的熱量高，一次不宜吃太多。

瑜珈

孕媽咪在這時期可以做哪些瑜珈運動，前面已經有完整的介紹。不過除了身體上的幫助，瑜珈還對於有憂鬱症的孕媽咪有情緒上的正面效果。

有負面情緒的孕媽咪，也會在寶寶的腦中產生兒茶酚氨，這是一種不安的荷爾蒙，會間接使寶寶有不安的體質，瑜珈所產生的正面波動，可讓寶寶的間腦產生正常荷爾蒙，連帶的促進寶寶大腦細胞的發育。

除此之外，瑜珈再搭配肚皮按摩，可以增進寶寶右腦的開發。有一句話是這樣說的：「右腦的想像感覺是精神的眼睛」，母親透過五種感官的感受力，都會一一刺激到寶寶的右腦，讓寶寶更聰明。

懷孕第三期 腦部發育重要關鍵期

此時期寶寶的體重上升最快、胎動也最頻繁，是身體各部位，尤其是腦部發育的重要時期。懷孕最後三個月，如果維生素及礦物質缺乏，將對寶寶腦部的發育影響極大。

孕媽咪除應攝取足量的鈣質供寶寶成長所需外，還應該注意礦物質及維生素的補充，如鐵、銅、鋅及維他命B6、B12，以提供母體及胎兒產生充足的血紅素，幫助胎兒健康發育。

中醫 X 西醫

中 西 名醫過招之 Part 1

中醫師小檔案

陳旺全

現任：立生中醫診所主治醫師、
台北市立聯合醫院主治醫師

經歷：

台北市中醫公會理事長
中國中醫臨床醫學會理事長
全民健保中醫總額支付制度保險委員會主任委員
文化總會中西醫合作推行委員會委員
中國醫藥學院教師
華夏文教基金會常務董事
中華民國中醫師公會全國聯合會常務理事
台灣中醫醫學雜誌總編輯

中醫界的王牌醫生，學生、病人不計其數，各大媒體爭相邀約的重要來賓，每天的工作忙碌不堪，依然保持健康紅潤的好氣色，對於台灣中醫未來前景十分看好，對於中西醫結合照護全民的健康更是不遺餘力。

西醫師小檔案

蔣富雄

現任：協和婦女醫院主任醫師

經歷：

台灣大學醫學系畢業
美國婦產科科學院 院士
愛因斯坦醫學院 副教授
The Bronx-Lebanon醫院 婦產科主任醫師
Torrance紀念醫院 婦產科醫師

洛杉磯執業25年，為南加州著名之婦產科主任醫師，應老朋友之邀，這兩年才回台灣執業看診。在美國執業的時候，曾經為許多國內知名的演藝及藝文界人士接生，劉家昌與甄珍的寶貝兒子就是他所接生。

中 × 西 名醫過招之Part 1

>>>孕婦身體不適症狀28題

害喜

Q1

害喜嚴重到食慾不振時，會不會影響胎兒成長？有需要服用藥物嗎？

中

我比較建議，孕婦如果有營養不足的話，可以補充葉酸。因為葉酸對於胎兒神經發育有很大的幫助，綠色蔬菜如菠菜、蘆筍或動物內臟如豬肝等，都含有豐富的葉酸，孕婦可以挑選自己喜歡及比較吃得下的葉酸食物來吃。

如果說害喜嚴重到完全吃不下飯時要看孕婦有無貧血現象？如果有，就要補充一些含有鐵質的食物，像是櫻桃、蘋果、葡萄等。

西

除非孕婦害喜嚴重到脫水，或一個禮拜之內體重掉了2、3公斤，這時才需要上醫院來做處理，可打點滴補充水分及營養，必要時，醫生還是會開立藥物做治療。

基本上我個人是不建議吃止吐藥，止吐藥對母親與寶寶多多少少都不好，而在我執業這麼多年的生涯中，害喜害到需要用藥物控制的孕婦真的不多，我還是主張採最自然的方法，在飲食上少量多餐，還有多休息，來克服害喜的不適。

出血

基本上，懷孕初期所發生的出血狀況，都要視為「流產」的徵兆。正常來說，有15％的受精卵會自我流掉，只有85％的受精卵會存活下來，但流掉的，表示小孩子本身就有缺陷、就不優，妳就算想盡辦法來救，他還是會流掉，這是生物自然法則，不用感到太遺憾。

我認為解決懷孕初期出血的情況，最好的方法就是「休息」。有些有出血狀況的孕婦來找我，我叫她們回去休息，但隔沒幾天又來找我，表示又斷斷續續的出血。我問她們，每天什麼時候出血最多？她們表示，白天。什麼時候出血減少？她們說，晚上。這就是了，這表示她們根本沒有好好休息，只休息到不流血了，就繼續去上班，上班時精神緊張、有工作壓力，就出現出血，等到下班時，身心放鬆，出血狀況就好轉。所以我都跟她們說：不要上班了，好好去躺著，如果妳還想要保住小孩的話。

台灣的安胎藥一堆，但多半是黃體素成分，老實說其實沒什麼用。至於那些有習慣性流產的孕婦，在初期尚未流血之前就要先安胎，如果已經出血，我想吃安胎藥也沒什麼用了。

出血狀況嚴不嚴重，有一個簡單的判定，那就是看顏色。如果顏色是鮮紅，表示狀況不太好，因為妳的血是不斷地一直流出，所以是新鮮的血。如果顏色是暗紅，表示這些血在體內已停留一段時間，所以出血的狀況已經停止。

懷孕初期出血的原因很多，一般來講，我們要先確定胎兒有沒有在子宮裡面，如果有，那麼出血只是偶而會出現一點點。正常性的懷孕，如果有些微的出血，那是沒有什麼大關係的。怕的是子宮外孕，子宮外孕很容易造成大出血；有時候可能是葡萄胎，這是一種不正常的懷孕現象，就必須看醫生。

如果是屬於正常懷孕的出血，最好臥床休息。當然了，懷孕初期出血還要看孕婦是初次懷孕還是再度懷孕者，初次懷孕的無前例可參考，可能代表有一些狀況出現，或是本身有子宮肌瘤。如果是之前有流產過，那就要特別注意。

Q2
懷孕初期出血是為什麼？是小產的徵兆嗎？需要服用安胎藥嗎？

通常一般來講，懷孕初期出血，70％是沒問題的，30％是有一些問題的。而30％的問題在哪裡？幾乎都是子宮外孕。

體重控制

中

西

我們以胎兒重3公斤來算，成熟的胎盤大約是0.6公斤、母體內的羊水大約是800cc(0.8公斤)、子宮增大的重量約是0.6~0.7公斤，這樣加起來，總共5公斤多。孕期的母體血液會膨脹，體重會增加，所以母體多增加5公斤算是正常，這兩項加起來，差不多就是10公斤。所以我通常建議我的病人，懷孕重10公斤就好，我知道這不是一件簡單的事情，尤其現代人的營養都很豐富，不過還是要盡量朝這個目標走。

其實只要孕婦身體健康，整個孕期超過10公斤也沒什麼關係，只是多增加的就變成自己身上的負擔，等生下小孩後要回復就辛苦了。但有時候體重增加得太多，恐有妊娠糖尿病的發生。

不是只能重10公斤，要重多少公斤還有分呢，懷孕到了20周以後，就要決定生產完後要不要哺乳？如果決定要哺乳，那孕婦體重就要多增加一點，因為要為往後所需的營養及消耗的熱量來計算。

首先，如果孕婦在懷孕之前體重就高於理想體重，那大概胖10~12公斤；如果是低於理想體重，那可以胖到13~14公斤，如果懷孕之前就很胖了，那大概增加7~8公斤，所以要根據孕婦原本的體重來計算。

Q3

孕婦每個孕期或每個月增加多少體重才算正常？如何有效控制體重？

那麼懷孕體重要怎麼增加為理想？我通常以懷孕前期重2公斤，中期重3公斤，後期重5公斤為目標，有的人在懷孕前3個月幾乎沒增加體重也沒關係，因為小孩子照樣發育，胎兒通常在20周之前會拚命發育，過了20周之後，才會有胖瘦之分，所以不要覺得前3個月母親沒增重，小孩子就長不大。

因為懷孕會讓母親有糖尿現象，所以孕婦在控制體重上，最好像糖尿病人的飲食習慣，以少量多餐、半飽不餓，像隻魚一樣，嘴動不停，但又沒吃很多。

不過一般的做法是這樣分，懷孕在8週之前，體重都無所謂，因為一般都不會有很大的變化。8~20週，可能每週增加0.3~0.5公斤左右。20周~生產，可能每周就會增加到0.5公斤左右，但體重增加多少都要看孕婦本身的狀況，及要不要哺乳來決定。假設孕婦決定要哺乳，那體重還要多增加一點，因為孕婦要製造乳汁，哺乳消耗的體力也會增加，熱量也要增加，所以體重也要比不準備哺乳的孕婦重個3~4公斤。

超音波檢查

Q4 超音波檢查，除了查看胎兒性別，最主要的項目是什麼？

很多人聽到家人或朋友懷孕照超音波，第一個反應就是問：「寶寶是男的還是女的？」這是一個要改變的觀念，孕婦照超音波，最主要的目的不是看胎兒的性別，而是看胎兒發育成長是否正常。

我在美國執業20多年，美國都是採2D的超音波來檢查孕婦，而且整著孕期中，只要照2、3次就夠了，現在我回到台灣執業，台灣醫院擁有3D甚至4D超音波不在少數，而且每次幫孕婦產檢就要照一次超音波。除了檢查胎兒的發育是否正常外，順便附帶看看孕婦子宮頸有沒有問題。其實不管是2D、3D還是4D，功能都是一樣的，但2D超音波對胎兒是確定安全的。

超音波檢查到底看胎兒哪些地方？懷孕早期檢查胚胎的位置、數量、長度、心跳及周數等，11~14週要檢查看NT頸後透明帶是否太大，如果太大就要要求孕婦做羊膜穿刺檢查。懷孕中後期則檢查胎兒器官的長度、大小正不正常，構造狀況如何，心臟有沒有缺損、腦部的發育有沒有異常、脊椎骨的部分有沒有完整、胃、腎臟、膀胱等器官有沒有正常，臉部的五官有沒有缺陷等，之後再檢查羊水，有沒有過多或太少、胎盤的位置、胎兒頭的位置、胎兒生理上的反應，呼吸、運動、肌力狀況如何…等。

每次的超音波檢查都是在觀看胎兒的成長狀況有無異常？比如說，懷孕4個月左右的唐氏症，還有隨著孕期的增加，小耳症、無腦症、無肛門的缺陷在超音波檢查之下都會一一發現。如果嬰兒的異常太過嚴重，在安全施行人工流產的期限內，超音波檢查可讓孕婦有時間考慮是否要中止懷孕。

Q5

為什麼懷孕會手腳冰冷？有時又全身發熱？該怎麼辦？

這是懷孕時體內荷爾蒙的影響。懷孕時孕婦體內的黃體素增加，使微血管擴張，微血管擴張，體溫就跟著升高，而微血管擴張，導致散熱快速，因此在體溫升高後，體溫下降的速度也快，因此孕婦又會覺得手腳冰冷。

手腳冰冷的問題，第一，不需要嚴重看待，因為這多少是懷孕的正常現象。第二，如果孕婦有貧血的現象，那就要做貧血治療，治療的方法是補充含鐵豐富的食物，如豬肝、蛋黃、豆腐等，再來就是每天一定要服用孕婦維他命，我想做到這些就夠了。

發冷又發熱

我們常常說「頭要清，腳要溫」，在不吃藥的前提下，如果「腳要溫」的話，孕婦可以準備一盆溫水，從足踝往上算15~20公分，將它泡在溫水裡，每天泡10鐘，手也可以泡，從手腕關節往上算10~15公分，就可以改善手腳冰冷的現象。或是做適當的末梢輕微按摩，一定要輕輕的按摩，讓血液循環順暢。這些方法也適用時平常有手腳冰冷現象的人。

至於為什麼會全身發熱？我想這是不一定的，要看時期，通常在夏天會比較有此情形發生。如果孕婦住在都會區，那就吹吹適當溫度的冷氣，有時出去散散步、吹吹風，都可以降低熱感，讓身體不至於太不舒服。

Q6

懷孕時便秘嚴重，可以服用軟便劑嗎？如果出現痔瘡該怎麼辦？

若便秘嚴重，吃點軟便劑是OK的，有種軟便劑是那種含纖維（Fiber）成分，就算常常使用，也不太會造成腸胃依賴的習慣性，所以必要時是可服用的。

如果出現痔瘡，日常的飲食要注意，少吃刺激性的食物，喝的水量與纖維質都要足夠，在排便上也需要多點耐性。若痔瘡真的很嚴重，還是要找醫生求助。

痔瘡

懷孕便秘第一個要看的，就是孕婦如果沒有水腫的現象，那就要多喝水，再來高纖維的東西要多吃，尤其是地瓜葉最好。此外，木瓜、柳丁、葡萄柚等水果也很好，可是量不能吃太多，因為它們含有色素，吃多了容易造成皮膚色素沉澱，所以吃適量就好。至於喝什麼？有些人會特別去喝一些碳酸飲料，但是我不建議，還是喝水最好。

如果出現了痔瘡，我建議，孕婦每次如廁以後一定要沖洗。如果痔瘡過度嚴重，甚至出現脫肛現象，那就要稍微用溫水坐浴一下，這樣就會比較舒服，也可避免痔瘡繼續惡化。在飲食上，孕婦要避免油炸、辛辣類的食物，多吃一點蔬果，這樣可以避免痔瘡的情形發生。

頭痛

Q7

懷孕時為什麼常常容易頭痛？可否做些什麼讓頭痛減輕？

第一，因為懷孕，孕婦的荷爾蒙產生變化，就會產生偏頭痛的現象。第二個，懷孕的女性朋友通常會有比較神經質的擔憂行為，因為身體裡面蘊育了一條小生命，所以她們變得格外緊張，這就產生了緊張性的頭痛。其實這要看，有些孕婦本身有一些血管的病變，加上懷孕荷爾蒙的變化就會產生頭痛，至於頭痛的嚴重程度，要看當時的狀況而定，不過一般來說，容易頭痛大部分是偏向情緒過度緊張的情形。

如果因此睡不好，我倒是覺得孕婦可以做些運動、散散步，學著調整情緒。我比較建議，孕婦有時可以吃一點百合，將一片一片的生百合蒸熟之後，加入牛奶去打成汁飲用，百合牛奶有鎮定、安神的作用。對於平常有失眠的人，百合牛奶也是很適合的日常飲用品。

孕婦懷孕時，心臟的負擔會變大，把身體中大部分的血液往腹部送，有時會造成頭部缺血而引發頭痛。另一個原因是孕婦的心理層面，對於初懷孕的孕婦，在生活上難免有一些要依靠別人的感覺，有時對懷孕也會感到緊張與不安，這種有點不能完全自主的緊張感，也會引發頭痛。

有些孕婦本身是職業婦女，平常上班壓力大，工作回家後就會頭痛，對於這點，我通常都建議她們要好好休息。

如果懷孕後期出現頭痛，而且血壓也高起來，那麼事情就比較棘手了，它有可能是子癇症，也有可能是腦病理的問題，腦瘤、中風都有可能。所以愈發生在懷孕後期的頭痛，處理起來也較麻煩。如果懷孕早期出現的頭痛一直沒有好起來，那就要看醫生，必要時要用藥物來治療。

頻尿

Q8

為什麼解尿的次數頻繁？有時候還有刺痛感？

孕婦頻尿是因為子宮擴大壓迫膀胱所致，常見於妊娠前3個月及最後1個月，但如果在上廁所感到有刺痛感，這時就要這要檢查一下是不是有尿道發炎的現象。有些孕婦發生下腹疼痛，都以為是子宮收縮在痛而不以為意，但經過檢查才發現，下腹疼痛原來是尿道發炎了。慢性的尿道發炎，常會引發子宮收縮，由於子宮不停在收縮，很容易引起早產。

有幾種狀況下，孕婦是一定要做羊膜穿刺的，第一是年紀大的孕婦，就是超過34歲的孕婦。第二是家族裡有不正常病史的孕婦。第三是有習慣性流產的孕婦。第四是所生的孩子裡面有一個是不正常的孕婦。除此之外，在懷孕初期嬰兒蛋白及B－HCG檢驗有問題的孕婦，及在超音波顯示NT頸後透明帶過大的孕婦，都要做羊膜穿刺。

Q9

規定年紀超過34歲的孕婦要做羊膜穿刺，有些孕婦對做羊膜穿刺心生恐懼，產檢已經這麼詳細了，羊膜穿刺還有必要做嗎？

羊膜穿刺

羊膜穿刺通常在孕婦16~18週進行，藉由抽取孕婦子宮中的羊水，來診斷各種胎兒染色體異常，這是懷孕早期檢驗胎兒唐氏症的準確方法。許多孕婦對於做羊膜穿刺心生畏懼，最主要是孕婦只要想到要用1根長10幾公分的針刺穿肚皮，就覺得很恐怖，如果不小心刺到胎兒的話怎麼辦？

其實，做羊膜穿刺是有風險，但風險不大。現在醫生在做羊膜穿刺時，都是在超音波的監控下下針，對於胎兒在什麼位置、從哪裡下針最安全，完全看得很清楚，免除了早期沒有超音波輔助時只靠經驗下針的風險。再來是，下針的那一剎那感覺就像一般打針一樣，並沒有想像中的那麼痛，況且絕大多數的孕婦在做羊膜穿刺時，眼睛幾乎都是緊盯著超音波看，只關心肚子裡的胎兒會不會被嚇到、會不會被刺到、以及發育是否安好？對於本身是否疼痛，好像都變得比較沒注意了。

Q10

打噴嚏、笑、或咳嗽會尿失禁，該怎麼辦？

尿失禁

這個還是因為大肚子造成的壓力問題。因為大肚子向下壓迫著膀胱，咳嗽時肚子用力一壓，就會造成尿失禁。這種狀況往往出現在懷孕後期，因為懷孕後期肚子膨大，尿失禁的狀況會比較嚴重，不過等到生產完後，狀況就會好轉。

不過有時因過度壓力造成尿道連接膀胱的角度鬆弛，括約肌肉不易控制，也會導致尿失禁，這類的孕婦在產後要多做運動，讓鬆弛的肌肉恢復彈性，可是如果尿失禁的問題愈來愈嚴重時，就可能要動手術去調整尿道的角度了。

高血壓

Q11 懷孕時血壓升高，危險嗎？

孕婦在懷孕中後期血壓升高的確很危險。孕婦懷孕28~30週以後突然升高，還出現蛋白尿、水腫等現象，這是妊娠毒血症的徵兆。妊娠毒血症對孕婦與胎兒來說都是很危險的狀況，因為血壓持續在過高狀態，末梢血管功能下降，胎盤的血量也跟著減少，它會導致腹中的胎兒沒有營養而不易長大，同時對母體也有危險。

罹患妊娠毒血症，根據調查，母親的死亡率是17%，而妊娠毒血症的發生率，在第三世界達到15~16%，但在發展中的國家發生率僅1%。通常懷第一胎的孕婦較容易發生妊娠毒血症。

如果孕婦本身就有高血壓，再懷孕更不好。高血壓對母親與胎兒都有潛在性的威脅，不過如果高血壓的患者懷孕了，那就在日常生活上不要太操勞，心情要放輕鬆，飲食多清淡，和醫生多配合，還是可以生出健康的寶寶。

當然，妊娠高血壓症就是對孕婦很危險的疾病。妊娠高血壓會引起胎兒體重過輕甚至早產，所以不可不小心。當然，孕婦本身先要看有沒有家族性的高血壓，如果本身有家族性的高血壓的話，也就是遺傳性的高血壓，孕婦在懷孕的過程中就要非常注意。所謂的注意就是說，在飲食上不可以吃太鹹，在情緒上面則要保持穩定。

食道逆流

Q12 懷孕造成的食道逆流問題，如何改善？

孕婦在心理上要先學著放輕鬆，吃完東西以後不要馬上躺下來，最好走一走、散散步，如果要休息的話，最好躺高一點。如果食道逆流嚴重的話，也可找醫生，依醫生的指示服用制酸劑。一般來說，制酸劑對胎兒是沒有影響的。

第一，燒、烤、炸、辣、醃製品、酸的東西、甜的東西都要少吃，以免造成刺激胃酸分泌增加往上逆流的現象。第二，有些人因為懷孕害喜嘔吐，喜歡在嘴裡含些酸梅、蜜餞類的東西，但這些食物反而促成了更容易胃酸逆流的問題。偶而吃一些秋葵，對於食道逆流問題會有一些幫助。

分泌物超多

Q13
懷孕時陰道內分泌物超多，好苦惱，要如何改善？

懷孕時陰道內分泌變多是一件完全正常的事情。陰道在懷孕後會起變化，它會從原本小小的逐漸變大，以幫助胎兒到時候可以通過而出生。在陰道由小變大的過程當中，分泌物就會變多，只要孕婦沒有覺得有發癢的感覺，基本上是沒有什麼問題的。

我曾看過我的病人在處理陰道分泌過多時，她用一些衛生紙墊在內褲裡，我覺得這個點子很好，每次上廁所就更換，既保持乾爽又兼顧了衛生。但是如果陰道有搔癢、灼熱、味道不好聞時，就可能發生感染，應就醫治療。

這樣講，如果陰道內分泌物呈透明、不癢、不臭、不痛，這就屬非發炎性，而是因為懷孕造成陰道內分泌增多，可以不必在乎。假設，懷孕的婦女有念珠球菌感染或滴蟲感染，這時就必須作一些治療，使用一些塞劑等。

再來就是，燒、烤、炸、辣的食物少吃，可以做適當的陰道沖洗，只用清水就好，可以減少陰道的不舒服感。

憂鬱

Q14
孕婦憂鬱、情緒起伏會造成什麼影響？該怎麼辦?

＋

這是一個很值得關注的的問題。調查指出，憂鬱的孕婦產下的胎兒，平均體重會比沒有憂鬱的孕婦產下的胎兒輕２６１公克。而憂鬱會讓孕婦間接產生酗酒、抽菸、飲食不正常、忽略衛生問題及不去產檢的行為，而這些狀況都有礙於胎兒的健康。而且憂鬱的孕婦在產後，33％會出現產後憂鬱症。

避免孕婦憂鬱的發生，社會、親友的支持度很重要，有社會、親友的支持，孕婦的情緒會比較平穩、心理壓力會跟著減少，產出的胎兒比較健康，相對的也可減少很多隱藏的社會問題。

Q15 孕婦容易抽筋該怎麼辦？

抽筋

很多人對於孕婦抽筋都表示因為體內「缺乏鈣質」，但我個人並不這樣認為，我覺得在台灣，孕婦應該很少有「缺鈣」的問題，一來是大家的飲食都很充足，加上孕婦每天幾乎都會補充維他命。二來台灣的太陽很大，一年四季幾乎都日照充足，人體可以製造豐富的維生素D，幫助鈣質的吸收。

孕婦容易抽筋，應該是腹部的壓力所引起的。試想，通常孕婦抽筋都發生在何時？絕大部分都在睡覺中，因為睡覺中姿勢比較少更動，所以抽筋應該是腹部的壓力壓迫腿部太久之故，導致下腔靜脈血液不流通而抽筋。為了避免腿部抽筋，平時要注意不要讓腿部的肌肉過度疲勞，不要穿高跟鞋，睡前可對腿和腳進行按摩。

懷孕抽筋有時候是鈣不足，或是身體鉀鈣失去平衡，也可能因為溫差變化比較大造成。有些孕婦在夏天穿短褲、吹冷氣、吹電風扇，讓皮膚受到的溫差過大，而產生反應性的抽筋。

預防抽筋其實很簡單，孕婦平常多喝一點牛奶補充鈣就能解決，或吃一些含鈣的食物，其實我覺得多喝牛奶就夠了。如果是溫差的變化，那就日常生活上要注意，不要直接吹電風扇，不要直接吹冷氣，減少抽筋發生的疑慮，那自然就很快恢復正常。

Q16 視力發生嚴重模糊、減退怎辦？

視力模糊

視力發生模糊有幾種可能，有的可能是水腫問題，因為懷孕造成身體水腫，導致眼結膜也腫脹，因而模糊。要解決這種視力模糊問題，只要解決身體的水腫問題就可以。

如果懷孕中後期出現的嚴重視力模糊，伴隨著頭痛，那麼就「代誌大條了」，可能出現了妊娠毒血症，如前所說，妊娠毒血症嚴重時對胎兒及母親都有生命危險。

如果是懷孕後期才突然出現的視力模糊，那事情就更嚴重了！它可能是腦部出現了問題，需要做進一步的檢查並尋求醫生的治療。

這個涉及的層面應該比較多，第一個是不是孕婦本身有貧血的現象，貧血現象會讓視力比較差，當然孕婦多吃一些鐵劑及維他命，那就可以改善貧血的問題。

還有一種原因可能是孕婦有糖尿病，如妊娠糖尿病，如果是妊娠糖尿病所引起的視力模糊，那就必須要在醫師的指導之下，做適當的血糖控制，要不然就恐怕會產生白內障，引起視力的病變。

Q17 懷孕時記憶力變差、反應變遲鈍、人變笨，正常嗎？

變笨

很多人都跟我反應有這樣的問題，但我覺得這應該也是一種相對的問題。我想孕婦應該不是記憶力變差，而是記憶力不集中，因為孕婦的注意力都集中在小孩身上，所以在其他的事項上就有所忽略。

我想這是當母親的本能，一但有小孩，母親會把所有的心力都放在照顧小孩身上，我曾問過一些母親，如果妳記憶力減退，那妳小孩出生時身高多少？體重多重？今天大過便沒？大過幾次？大便是什麼顏色？軟的硬的？她們都回答得一清二楚，毫無遺漏，但這些瑣碎的問題拿來問父親，往往父親是一問三不知。所以懷孕時記憶力的問題，往往是孕婦「選擇性」的記憶與忽略。

Q18 腿腫脹得難受，這樣正常嗎？

水腫

孕婦的腿出現腫脹的現象，多半因肚子隆起造成壓力而產生水腫。到了懷孕末期，孕婦多多少少都會出現這樣的狀況，只要血壓正常、無蛋白尿產生就沒有什麼大問題。

有時候飲食過鹹也會造成水腫，不過對孕婦來說，適度的鹽分是必要的，因為鹽分可補充體內流失的電解質。孕婦出現水腫是很正常的事，有人說水腫可服用利尿劑消腫，這完全是胡扯。

孕婦腿腫脹這是正常的，在中醫來說這叫「子腫」，這現象通常出現在懷孕末期，大概35、36周的時候，原因第一個是，水喝比較多、代謝比較緩慢一點，再來就是胎兒增大，對於泌尿系統有一種侵襲的壓迫，尿液有些滯留現象。

改善腿腫脹的狀況，我比較主張吃一點絲瓜跟冬瓜，因為絲瓜與冬瓜有利尿的作用，而且又不會影響孕婦與胎兒的身體。

感冒

Q19 孕媽咪不小心感冒了，可以服用藥物嗎？

如果不幸染上感冒，小感冒採多休息多喝水就好。如果感冒嚴重，就要去看醫生。感冒的基本用藥對孕婦來說是安全的，不用太擔心。不過孕婦平常最好不要太操勞，多休息不操勞自然體力好，體力好了免疫力也就好，免疫力好了就不容易感冒。

這要看感冒的輕重，如果是普通感冒，多休息、多喝水，然後作一些觀察。如果是流行性感冒，可能會全身痠痛、發燒，那就必須在醫生的指示下服用藥物，以確保胎兒與母親的安全。而孕婦在懷孕的前3個月，胎兒還在發育、尚未非常完整的時候，最好盡量減少感冒，也盡量減少服用藥物，這點是很重要的。

全身搔癢

Q20 全身皮膚搔癢，哪裡出問題？怎麼辦？

孕婦在孕期中常會出現一些搔癢的皮膚病症狀，跟遺傳或荷爾蒙有關，但這些症狀隨著生產結束也會慢慢消失。有趣的是，有一些研究顯示，懷男孩的孕婦，患皮膚病的比例比較高，所以有些人會依孕婦有沒有得到皮膚病來揣測肚中胎兒的性別。我在我媳婦懷孕時曾寫信告訴她這樣的研究結果，結果我媳婦回信說，她有一些皮膚病的症狀，但肚裡的小孩是個女寶寶。

孕婦的皮膚問題有許多種，很多是原因不明，如果太感困擾，最好找皮膚科醫生對症治療。

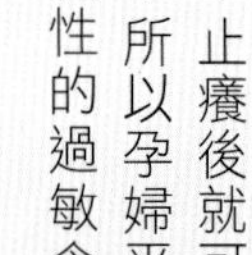

皮膚癢的原因非常多，包括因為荷爾蒙的變化，會對有些食物產生過敏，如果孕婦知道自己對哪些食物過敏，那就要避免去吃它們。

如果皮膚非常癢的話，止癢方法以外用的藥物為主，因為外用的藥物比較不具侵襲性，止癢後就可以不必再擦。因為每個人的體質都不一樣，所以孕婦平常一定要去注意攝取的食物，哪些是誘發性的過敏食物，一定要避免食用。

Q21
懷孕三期，性愛有分別嗎？

懷孕還是可以享有魚水之歡的，除非有早產現象就要避免，如果一切正常的話，那麼與先生享受親密應該是沒什麼問題的，只是在姿勢上要稍微做些調整。

孕婦在懷孕初期肚子還不太大的時候，性愛的姿勢可以比照未懷孕之前，但等到懷孕中後期，性愛姿勢可以改為兩人側躺，先生從後面進入。這種姿勢既不會進入太深，也不會壓迫到母親。懷孕期那麼長，如果禁慾的話，對先生來說也是很難熬的，所以在可能的範圍，兩人喬好，一樣可以有正常的親密關係。

性愛

懷孕初期，女方的性慾可能會比較低，如果這樣的話，那先生可就要多包容一點，不要要求太多。而且懷孕初期的性生活，做先生的最好要戴上保險套，戴保險套在此時當然不是避孕，而是避免精蟲對子宮頸產生刺激，進而產生收縮現象。因為子宮頸的分泌物會對外來的精蟲有抗排斥現象，子宮就會收縮，而過度的收縮怕會影響胎兒，太頻繁的收縮恐會引發早產。

到了懷孕中期，因為孕婦的肚子漸漸大起來，在性愛上面動作不可以太激烈、不可以太深入、壓迫不要太重、也不要太high。到了懷孕末期，孕婦的肚子更大，身體承受的壓力也更大，這時性愛的頻率應該降低，同時先生也要戴保險套，也是因為怕精蟲干擾到子宮收縮的問題，而產生小產現象。

胎動

Q22 胎動太頻繁，讓人吃不消，會生出過動兒來嗎？

胎動太頻繁是不會生出過動兒的。胎動比較頻繁通常會發生在懷孕第28週的時候，因為那時子宮的羊水多，胎兒在子宮內就會動得比較大，到了懷孕末期，胎兒漸漸大起來，子宮內的空間變有限，所以動得又會比較少。

其實胎動頻不頻繁是個相對的問題，我常問我的病人，胎兒什麼時候動得最厲害，她們都會答說晚上。其時胎兒在白天也在動，但是孕婦為什麼比較感覺不出來？那是因為孕婦白天都在上班，上班很忙，事情很多，但妳有很多事情需要處理或正在處理時，妳的注意力自然不會放在肚子上，所以妳會比較無感，覺得胎動沒那麼頻繁。

有胎動是好的，等到胎兒不動了才不好，如果孕婦發現胎兒已經6、7個小時沒有胎動，那可能就缺氧了，要趕緊去找醫生了。

泡溫泉

Q23 懷孕能不能泡溫泉？該注意什麼事項？

有很多人認為孕婦不宜泡溫泉，我的看法是可以的。有人說溫泉溫度高，會傷到胎兒，我的看法是，人體都有自我保護的本能，在還沒有傷到胎兒前，就會先傷到母親，如果母親沒問題，那胎兒又怎麼會出問題？

只是不管游泳也好、泡溫泉也好，都要注意衛生問題，以避免不必要的感染。

懷孕我們都不主張去游泳或泡溫泉，連懷孕時洗澡，我們都主張用淋浴的，最主要怕陰道受到感染。此外還要看孕婦有沒有其他的慢性疾病，如果孕婦有高血壓、心臟病、糖尿病，當然不主張泡溫泉，如果是局部性的泡泡腳啦，我想是無所謂。

如果孕婦一定要泡溫泉，那麼一定要注意，第一個是空氣的流通性。第二個是水溫，水溫不能太高，以免傷到孕婦及胎兒。第三個要注意的是溫泉的種類，有的溫泉是硫磺泉，有的溫泉是碳酸泉，泡硫磺泉時要注意硫磺氣的吸入性，有時會造成休克現象，所以要小心。

Q24 剖腹產好還是自然產好？

剖腹和自然產

兩種都好，不過我贊成自然分娩，除非孕婦本身有生產遲滯、胎位不正等不宜自然生產的狀況，才會建議孕婦採取剖腹產。

自然生產有許多好處，孕婦在生產的過程中雖然經歷很多痛楚，但一旦胎兒產出，只要休息幾個小時就可下床走動，不像剖腹生產，在生產完後還得等到排氣了才可以拔管進食，孕婦除了得忍受子宮收縮的痛楚，還必須忍受剖腹傷口的疼痛。

有的孕婦在尚未生產前，對於自然生產的疼痛心生畏懼，其實怕痛的孕婦可考慮無痛分娩，也就是在自然分娩時施打麻醉，以減輕孕婦在分娩時的疼痛。

如果是生第一胎的孕婦，無痛分娩在陰道開5公分時施打，生第二胎的孕婦則在陰道開口4公分的時候施打。不過曾有孕婦反應，施打無痛分娩，因為身體感覺不到疼痛，有時會忘記施力，以至於產程時間會拖得比較久，根據研究顯示，無痛分娩與非無痛分娩，兩者在產程的時間上大概相差1小時50分鐘，所以還算可以接受。

這不是孕婦自己要擔心的事，剖腹要根據胎兒的重量、及母體本身在生產時的張開指數，是否有遲滯的現象來考慮。

我認為，對於母體來說，自然產應該是一個非常好的生產方式，當然在這個經過陣痛將胎兒生出的過程中，胎兒因為自己也一直出力，所以自然產對於寶寶本身的心肺功能也比較好。

可是現在的女性會考慮到自然產會導致陰道擴張，在生產時又會遭陰道縫合術，讓陰道產後鬆弛，會擔心影響性生活，那就考慮用剖腹生產的方式。因為剖腹完全跟陰道無關，可是剖腹生產又面臨到一個沾粘的問題，子宮沾粘、腸子沾粘，所以就看每個人的決定方式。

剖腹早期傷口是直的，現在是橫的，那當然各派方法不一，優缺點也不一，現在流行橫剖是因為美觀。其實自然生產與剖腹生產都會痛，剖腹生產現在流行一種止痛劑由自己控管的方式，有一種點滴式的按壓，只要覺得痛時就自己按一下，不過這只是心理安慰，產生的子宮收縮一樣很痛。

預防妊娠紋

Q25

如何預防妊娠紋出現？

西

說實在的，在我執業20多年中，10個孕婦裡，9個有妊娠紋。若妳要問我如何預防，我還真回答不出來。妊娠紋的問題對孕婦來說一直很困擾，它產生的原因是因為膨大的腹部，讓皮膚過度緊繃，造成真皮層的斷裂，妊娠紋通常產生在腹部、大腿及臀部，對於孕婦及寶寶在病理上沒有什麼影響，只是看起來不好看而已。

預防妊娠紋，孕婦要控制體重，不要讓自己胖太多、多運動、勤於塗抹預防妊娠紋的乳液。

中

像我太太，她就完全沒有妊娠紋。預防妊娠紋的出現，第一個，跟肥胖紋一樣的道理，假如說孕婦在懷孕之前就很胖，妊娠紋出現的機率就比較高，所以孕前孕婦最好不要過度肥胖，同時做適當的仰臥起坐，或是做一些與腹部相關的運動都可以，產後要做凱格爾運動。

生產完第2天的產婦，就可以開始做凱格爾運動，而且隨時想到隨時做。凱格爾運動的做法為：收縮陰道與骨盆底肌肉，如同憋住大便排出的動作，持續收縮5秒，盡可能做25~50次。凱格爾運動的目的在於收縮會陰部肌肉、促進血液循環及傷口癒合、減輕疼痛腫脹、促進膀胱控制力恢復，還可以幫助縮小痔瘡。

再來就是，有些孕婦會塗抹妊娠霜，但我是覺得什麼東西便宜又有效？那就是凡士林！包括在孕期的時候，每天塗一點凡士林，因為有些孕婦在懷孕期皮膚也會乾燥，塗上凡士林，讓皮膚不乾燥又對妊娠紋有幫助。

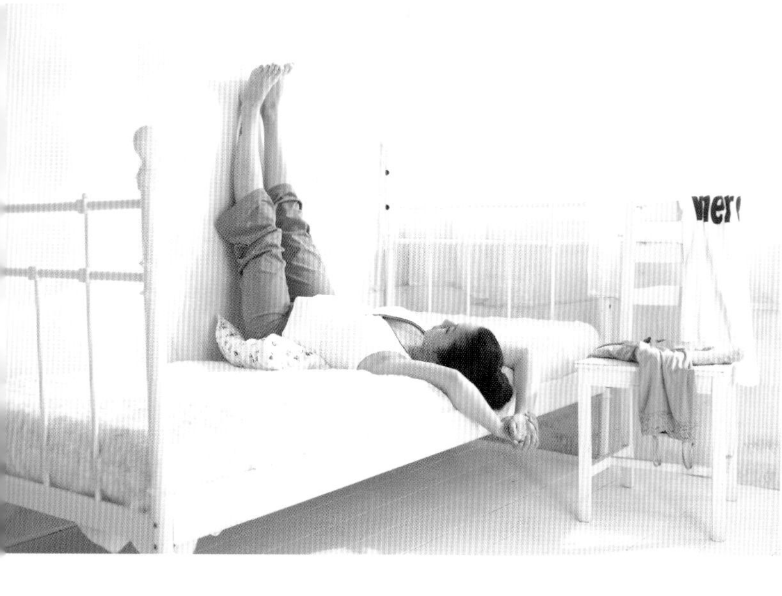

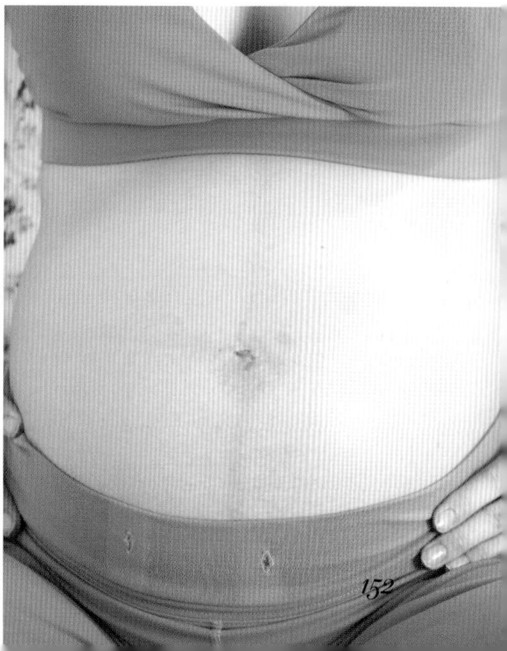

乳暈變黑

乳頭變大、乳暈變黑對孕婦來說是完全正常的事情，它既不需要預防也不需要治療，只要生產完半年後，乳暈就會變回原來的顏色。

我常跟我的病人開玩笑，懷孕乳暈會變黑這件事，不是只有東方人，我在美國執業多年，我的病人什麼人種都有，不但東方人會變黑，白人也會變黑，那黑人更不用講了。變黑是正常，沒有關係。

Q27

乳暈變黑正常嗎？生完孩子後就會變回來嗎？

蜘蛛紅線

Q26

腿上出現蜘蛛狀的紅線，那是什麼？會消失嗎？

這也是因為孕婦腹部隆起所造成的壓力之故，使得孕婦大腿的皮膚表皮因微血管的長久擴張下，因而產生蜘蛛狀的紅線，這些蜘蛛狀的紅線，在生產結束後大部分會消失，在病理上並沒有什麼影響。

如果孕婦的腿上出現這種現象時，處理方法很簡單，不妨在這些微血管出血處輕輕按摩，或者是在這些出血處溫敷，就會減少蜘蛛狀的紅線產生。

收縮

懷孕過程中偶發的子宮收縮現象是正常的。不過有時一些感染問題，如尿道發炎，也會造成子宮收縮的現象。如果在懷孕初、中期時，子宮收縮的現象一下下就好了、消失了，可以不必太在意，只要身心放輕鬆，不要給自己太多壓力，多休息就好。但是如果不斷發生規律性的子宮收縮，且收縮的時間愈來愈短、程度愈來愈劇烈，並伴隨著出血，就恐怕會引發早產，這時最好找醫生檢查處理。

懷孕後期的子宮收縮，是一種假陣痛的現象，這種現象在子宮慢慢大起來時就會出現，可以說是為即將到來的生產讓身體慢慢地去熟悉適應。如果子宮收縮愈來愈規律、而且出現的時間愈來愈縮短，並伴隨著有破水、陰道出血、腰痠或有便意，那可能是快接近生產了，應盡快到醫院去。

Q28

肚子怎樣的收縮狀況是正常的？

中 × 西 名醫過招之Part 2

>>>孕婦膳食營養16題

孕吐嚴重

Q1 害喜孕吐太嚴重時，可以吃什麼？

中

通常害喜非常嚴重，第一，吃東西以少量多餐為原則，第二個，孕婦可以泡一點竹茹這種中藥，大約用3錢左右沖泡當茶飲用，可以止吐。一般所說的生薑可以止吐的說法，應該是在煮菜或煮湯的過程中加些薑片，就有減緩害喜的功效，但生薑不宜吃太多，太多會造成子宮收縮。

西

我常建議那些食慾不振，甚至出現嚴重嘔吐的孕婦，喝些汽水吧！對害喜嚴重而食慾不振的孕婦而言，最怕出現脫水、或是因養分不夠而動用到體內蛋白質，造成尿丙酮過高的病症。所以在不舒服時，若是慢慢喝幾口汽水，藉著單醣類好吸收的特性，不僅可以補充水分，也可適時補充醣類的養分和電解質，但重點是不要喝多。

我知道很多人可能覺得不妥，但在非常時期總有非常的做法，何況汽水不是藥，若能以此發揮暫時性功能，其實是沒有太大關係的，只要能引起孕婦的食慾，倒無須刻意禁止，但要注意的是不宜過量。我常笑說，當孕婦能一次喝下大口汽水，就表示食慾已經回穩了，度過了非常時期後，還是應該回歸到均衡飲食的軌道。

生冷的禁忌

Q2 真的不可以吃生冷的東西嗎，連冰淇淋都不行嗎？

孕婦在懷孕初期沒有食慾時，如果想吃冰淇淋，那就吃點冰淇淋吧。其實我對於孕婦在懷孕期的飲食注意上，一直苦口婆心奉勸，一定要「戒甜食」！因為糖，不但讓孕婦容易發胖，也容易造成孕婦血糖上升、血壓升高，而高血壓對於懷孕中後期的孕婦與胎兒有危險，因此要有效控制血糖與血壓，就得少吃糖。

不過這種限制並不在懷孕初期的飲食內，初期害喜嚴重，適度地吃點甜食，讓孕婦身體感到好過些是沒關係的。至於生冷的東西，我認為都是可以吃的，因為再冰冷的食物，吃到胃裡都是37度，所謂生冷，也只有喉嚨部分感受得到。曾有病人跟我抱怨，她懷孕初期想吃麻辣火鍋，但是先生覺得太過刺激不讓她吃，我就跟她先生說，去吃！出了醫院馬上去吃，但重點是不要吃多。懷孕初期想吃什麼就吃什麼，只要能讓身體舒服，沒有什麼飲食大忌。

這個問題如果在美國答案就不同，因為美國是屬於乾燥型的氣候，當妳懷孕了，或是剛生產完，醫生就會馬上叫妳喝冰水，因為醫生就怕孕婦水分不足或太燥。

但台灣是屬於比較潮濕的氣候，生冷的東西不是不能吃，只是因為孕婦的體質不一樣，如果孕婦是屬於燥熱型的體質，那就可以吃生冷的東西，但量不能太多，因為生冷的東西會刺激子宮產生收縮的現象，如果在懷孕初期，容易流產。

其實像冰淇淋這類的食物營養價值很高，可以吃啊，可是如果孕婦有慢性支氣管炎或是氣喘、過敏性的疾病，那最好就不要吃，因為吃了以後很有可能在懷孕的過程中引發氣喘，導致胎兒容易流產。

營養不胖身

Q3 怎麼樣的飲食調配，才能只補寶寶不胖孕婦？

平衡的飲食，才能讓孕婦不會增重太多而寶寶也得到健康的成長。6大類的食物，如奶類、五穀根莖澱粉類、肉類、水果、蔬菜及油脂等，孕婦的每天攝取中，最好都要涵蓋而且有均衡的比例。

懷孕初期，6大類食物每日建議量如下：奶類1～2杯。蛋、豆、魚、肉類：4份。五穀根莖澱粉類：3～4.5碗。蔬菜類：3～4碟。油脂類：2～3湯匙。水果類：2個。

懷孕中、後期，6大類食物建議比例如下：奶類：2杯。蛋、豆、魚、肉類：5份。五穀根莖澱粉類：3～5碗。蔬菜類：4碟。油脂類：3湯匙。水果類：3～4個。

在熱量的攝取上，懷孕初期與未懷孕時相同，不需增加額外的熱量，但在懷孕中後期，每日的熱量攝取要增加300大卡。

在蛋白質的攝取上，懷孕初期每日多增加2公克，中期每日多增加6公克，後期每日多增加12公克。

鈣質的攝取上，懷孕初期每日需600毫克，中後期則每日需1100毫克。

鐵質的攝取，懷孕初、中期每日需15毫克，後期需45毫克。

維生素A，懷孕初、中期每日需4200微克，後期為5050微克。

維生素B1，懷孕初期每日需1.1毫克，中後期需1.3毫克。

維生素B2，懷孕初期每日需1.2毫克，中後期需1.4毫克。

維生素C，懷孕中期每日需60毫克，中後期約30毫克。

除此之外，含脂肪過多的食物，如肥肉、油炸物；鹹的或燻製食品如醃肉，鹹蛋、鹹魚、火腿、豆腐乳等；甜食如糖果、巧克力、蛋糕等，刺激性的調味品，還有菸和酒。孕婦都要避免食用過多。

這個一定要根據妊娠周數所產生的重量來衡量，我想飲食應該講究營養均衡，然後做適當的運動，做必要產檢，這樣就不至於胖太多。

Q4

夏季懷孕與冬季懷孕，在飲食上有哪些不同？

對我來說，沒有什麼不同，因為台灣四季變化不明顯，一年四季都很溫暖。

冬夏飲食不同

夏季懷孕與冬季懷孕，在飲食上真的有所不同。夏季因為太熱，所以一些比較燥性的食物，像夏天當季的龍眼、荔枝或榴槤等，不能吃太多。在冬季的時候，像哈密瓜、西瓜這些涼性的蔬果就不能吃太多。

所以孕婦在夏季與冬季要吃些什麼？正好是反向的，孕婦在夏季應該吃一些偏向寒涼性的食物，包括絲瓜、西瓜、冬瓜、哈密瓜、黃瓜、茄子、竹筍、蘿蔔、綠豆、小米、蕎麥、蛤蜊、牡蠣等。冬天懷孕，可能比較怕冷，血液循環比較差，所以要多吃一些溫補性的食品，包括蘋果、櫻桃、榴槤、桂圓、南瓜、羊肉、牛肉、魚肉等，這些都是對於孕婦來說很有營養價值的食物。

Q5

薏仁真的不可以吃嗎？

我對薏仁沒有什麼研究，也沒看到什麼有關薏仁不適合孕婦食用的報導，所以我對這個問題不予置評。但我個人是不太相信孕婦不適合吃薏仁，除非出現有利的証明。

薏仁

孕婦不可以吃薏仁，因為薏仁會影響人的腦下垂體分泌，會產生刺激子宮收縮的作用，而讓孕婦產生流產現象。雖然薏仁有利水、消腫、美白的功能，但對孕婦來說並不適合，而且是整個懷孕期都不可以吃薏仁。除非由醫師診斷，搭配其他藥材，才安全。

澱粉類吃法

Q6

澱粉穀類富有營養，但吃多又會發胖怎麼辦？

各種營養對孕婦來說都是不可或缺的，只是在量上面要有所調配，孕婦可將澱粉類的穀物，一次只吃日常量的三分之一，不要吃太多，並保持少量多餐的形式，就不會讓自己體重重得太快、太多。

孕婦在攝取澱粉類穀物上面最好採取每餐只吃七分，配合著適量的蔬菜及水果就可以達到控制體重的效果。不過孕婦在澱粉類的選擇上，盡量以纖維含量較高的主食，如糙米或五穀飯取代精緻的白米，或選擇全穀類麵包取代白麵包。

酒

Q7

酒精不可碰，但可以喝一些補血的紅酒嗎？

紅酒也是酒，也含有酒精成分。如果小飲我不反對。但是現在有一個報告指出，懷孕飲酒對於胎兒的生長會產生遲緩、智力降低、體重減少的影響，簡單來說就是對胎兒的發育有影響，所以孕婦最好還是不要喝酒。

酒精對於孕婦來說不是不可以喝，而是要看孕期。懷孕初期不主張孕婦喝酒，因為酒精會促進孕婦的子宮收縮，容易造成流產。但到了懷孕的中後期，孕婦可以少量的喝一些些酒，一天喝個30cc是無妨的。

Q8

本身肥胖的孕婦，在孕期中要如何吃才健康？

胖孕婦飲食

跟一般的孕婦差不多，但在懷孕的中後期，一定要戒吃甜食，平常的時候，口慾也是要控制。

本身肥胖的孕婦，在孕期中的吃法其實跟一般要控制體重的正常人無異，原則就是：多吃蛋白質，少吃脂肪。

肥胖孕婦在孕期要注意的，第一個要控制進食的量，要攝取足夠的蛋白質，同時要減少脂肪的量，因此可以選擇低脂肪的雞、魚肉類，取代高脂肪的牛、豬、羊肉，如果還是很在意，那麼可以以植物性的蛋白質，如豆類，來取代動物性的蛋白質。同時還要少吃油炸類含油脂過多的食物。

第二要多攝取蔬果，但避免糖份太高的水果，多攝取綠色蔬菜，既含豐富維生素，又可促進排便，此外不要喝太多含糖飲料，盡量多喝水。

第三，飲食要有規律。

Q9

吃素的媽咪要補充哪些營養？

素食孕婦

吃素的孕婦容易缺鐵、鈣，所以日常生活中，在飲食上一定要多補充鈣和鐵。孕期中要多吃豆類、蛋，孕婦維他命更是每天一定要吃。

如果是吃全素的孕婦，因為日常飲食中完全攝取不到動物性的脂肪及蛋白質，所以在孕期中就要多補充植物性的蛋白質，含植物性蛋白質的食物有：黃豆、毛豆、麥胚芽、糙米、豌豆等，除了多攝取植物性蛋白質，其他的營養素就從蔬菜、水果中去補充。

火鍋

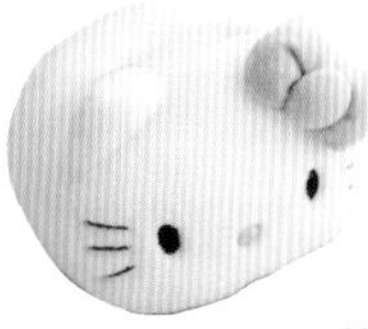

Q10 懷孕想吃火鍋要注意什麼？

火鍋的熱量高，一不小心就會讓體重超出標準，再加上許多火鍋料在鍋裡不停的熬煮，會造成火鍋湯頭中的鈉含量過高，對孕婦來說容易造成水腫，所以孕婦在吃的時候要注意一些事項：

第一，在使用火鍋沾醬時，不要吃太刺激性的調味料，如辣椒、大蒜等。

第二，在選擇火鍋料上面，盡量不要吃太多再製品一類的食材，如魚丸、餃類等。再製品不但熱量高，再製的過程中往往會放入防腐劑等有害身體的物質，所以孕婦最好不要吃多。

第三，選擇火鍋肉片時，以不吃肥肉吃瘦肉為原則。如果孕婦本身的體質沒有過敏，可以選擇吃點魚，也是很好的動物性蛋白質來源。

順產食物

Q11 什麼是幫助順產的食物？

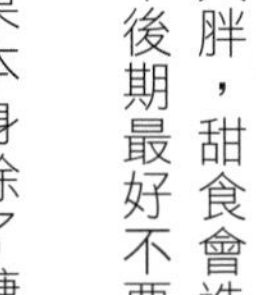

想要順產的話，首先肚裡的胎兒千萬不要太大，要胎兒不要過大，孕婦就不能太胖，甜食會造成孕婦血糖過高，體重過重，因此在懷孕中後期最好不要吃甜的東西。

但如果是含糖量高的水果本身除了糖分外，還包含了纖維質、維生素等營養，所以水果幾乎都可以吃，只有甜食不要碰，而且每天的孕婦維他命一定要記得服用。

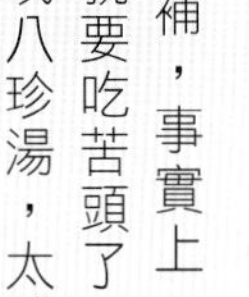

對我來說沒有所謂幫助順產的食物，不過我應該這樣講，孕婦在孕期中可以做一些幫助順產的事情，及少吃一些不利順產的食品，那就可以順利生產了。

哪些事情是可以幫助順產？不管是瑜珈、游泳，或是散步，都有利於孕婦在生產的時候坐骨打開。一天到晚坐著不動的孕婦，在生產的時候坐骨很難打開，所以在整個產程上會讓自己吃很多苦。

很多孕婦以為懷孕要進補，事實上，到了懷孕末期，如果吃補吃過頭，那可就要吃苦頭了，有一些孕婦會在懷孕末期吃十全大補湯或八珍湯，太補的補品反而會把胎兒給補大了，造成生產的困難，這些補品就成了不順產的食品。

Q12

懷孕三階段的孕婦補身食物

補身食物

懷孕前期是胚胎分裂時期，所以在飲食上著重在葉酸及蛋白質的攝取，如果怕胖的孕婦，可以攝取植物性的蛋白質，如豆類食物。葉酸在蔬菜中則以波菜為最豐富，可以多攝取，此外還要多攝取維他命C類的食物，如番茄、蘋果、蕃石榴等水果。

懷孕中期，胎兒進入五臟六腑的發育期，可以增加一些動物性蛋白質的攝取，就是肉類，還有適量的脂肪，其他的飲食與懷孕前期相同，所以孕婦在這個時期，幾乎五大類的食物都要攝取。

懷孕末期，胎兒神經系統將發育得更完整精細，所以維生素、礦物質的攝取變得更重要，除了飲食與前兩時期相同外，像海產類如蚵仔含有鋅的成分，可以加強胎兒腦部的發育。

Q13

茶與咖啡真的喝不得嗎？

茶和咖啡

茶與咖啡對孕婦來說不見得不能喝。茶葉裡面含有兒茶素，是很好的抗氧化劑。而咖啡又有預防心血管疾病的功用，所以孕婦想要喝茶或咖啡時，其實偶而少量的喝，不要喝太濃，也不要喝太多，這樣應該是對身體無妨礙的。

補胎食譜

Q14

五道補胎食膳or食物

1.冬泉活現

功效：保身調氣、孕婦養顏美容，還有去除身上斑紋之效。

藥材：高麗蔘3.2錢，枸杞子1.3錢

材料：冬瓜600公克、雞胸肉100公克、胡蘿蔔75公克、去皮荸薺8個、香菇5朵、老薑7公克、白背黑木耳(乾)2朵，鹽、米酒各1小匙

作法：

1.將冬瓜、胡蘿蔔去皮洗淨切小丁。香菇、木耳泡軟去蒂切小丁。雞胸肉、荸薺洗淨，與薑皆切成小丁備用。

2.取燉盅，將藥材及所有材料放入盅內，再入水4杯及用鹽及米酒調味後，入鍋蒸20分鐘，熄火繼續燜15分鐘即可。

2.花錦迎春

功效：健脾補氣養血，對於缺鐵性的貧血有良效。

藥材：黃耆1.2錢、茯苓9.3分、當歸6.7分、甘草4分

材料：高麗菜葉8片、土雞腿400公克、香菇3朵、鹽1/2小匙、胡蘿蔔絲60公克、荸薺絲50公克、洋火腿絲35公克、黑木耳3朵、水2小匙、太白粉1/2小匙

作法：

1.香菇、木耳泡軟去蒂切絲。高麗菜葉入開水煮軟取出，去硬梗。

2.藥材稍沖洗後，加水3杯以大火煮開後，改小火煮至湯汁剩約2杯時，去渣，藥湯備用。

3.雞腿洗淨，入開水中煮20分鐘，取出加藥湯，入電鍋蒸至肉熟(約30分鐘)，取出待涼，撕成絲狀，雞湯備用。

4.鍋熱入油1大匙燒熟，入香菇炒香，再入胡蘿蔔絲、荸薺絲、洋火腿絲、黑木耳絲、鹽及雞湯，煮至湯汁略微收乾時，拌入雞絲並以太白粉水勾芡，分成8等分，即為餡料。

5.攤開高麗菜葉，包入餡料，捲成春捲型，再以大火蒸5分鐘即可。

3.蟲草醬雞

功效：調整身體虛弱、貧血、慢性胃炎等

藥材：冬蟲夏草2.6錢、霍山石斛1.3錢

材料：土雞腿2隻、醬油1/2杯、米酒3大匙、冰糖2大匙、蔥10段、老薑5片、紅辣椒1條

作法：

1.雞腿洗淨，入開水中煮2分鐘即撈起，沖水洗淨，藥材稍沖洗備用。

2.鍋內入藥材、醬油、米酒、冰糖、蔥段、老薑、紅辣椒及水5杯，以大火煮開後入雞腿再煮開，改小火燜煮20分鐘，熄火續燜10分鐘，至肉熟透，取出雞腿待涼，剁成小長塊排盤。
3.滷汁繼續煮至剩1/2杯，去渣，滷汁做沾料食之。

4.養顏七珍雞

功效：氣血雙補，對於精神倦怠、腰膝乏力等症有卓效。

藥材：當歸1・1錢、黃精8分、高麗蔘、茯苓、炒白朮、黃耆各6・7分、炙甘草3・5分

材料：土雞腿2隻、小排骨400公克、老薑5片、蔥4段、米酒1大匙、鹽1/2小匙

作法：
1.藥材稍沖洗後，以過濾袋裝好，紮緊備用。
2.雞腿洗淨剁粗塊、小排骨洗淨，一起入開水中煮5分鐘，取出洗淨備用。
3.鍋內入雞腿、小排骨、藥材包、老薑、蔥、米酒、鹽及水8杯，以大火煮開，再改小火煮至熟爛(約1小時)後，丟棄藥材包即可。

5.參耆鴛鴦雞

功效：氣血雙補，對小兒發育不良有療效。

藥材：西洋參、黃耆各2錢、廣陳皮1・3錢

材料：雞翅6支、豬瘦肉50公克、醬油1大匙、老薑5片、蔥4段、鹽1/2小匙、水2小匙、太白粉1小匙

作法：
1.雞翅洗淨入醬油醃20分鐘。豬瘦肉切小塊，入開水中煮2分鐘，撈起洗淨，藥材稍沖洗備用。
2.鍋熱入油4杯燒至八分熱，入雞翅炸至金黃色撈起，入水洗淨瀝乾。
3.鍋內入雞翅、瘦肉、藥材、老薑、蔥、鹽及水3杯，以大火煮開，改小火煮至雞翅熟爛且湯汁剩約1/2杯時，取出剁塊排盤，湯去渣留用。
4.鍋內入湯汁煮開，以太白粉水勾芡淋在雞翅上即可。

補寶寶腦

中

天麻、牛肉、杏仁、核桃，都有補腦、鎮靜、增強記憶力的功效。以下提供兩道補腦食膳。

1. 天麻健腦

藥材：天麻3．2錢、杏仁8分

材料：牛腩600公克、胡蘿蔔、竹筍各200公克、荸薺6個、醬油1/3杯、米酒、冰糖各2大匙、蔥8段、老薑6片、滷包1包

作法：

1. 胡蘿蔔、竹筍洗淨切塊。荸薺洗淨去皮。天麻加水1/2杯泡軟(約30分鐘)備用。
2. 牛腩洗淨切4公分長塊，入開水中煮5分鐘，取出洗淨備用。
3. 砂鍋內入牛腩、藥材、醬油、米酒、冰糖、蔥、老薑、滷包及水6杯，以大火煮開，改小火煮1小時，再入胡蘿蔔、竹筍及荸薺續煮至牛肉爛熟(約30分鐘)即可。

2. 核杏健腦

藥材：核桃仁、杏仁各9．6錢

材料：白糖3/4杯、水1杯、在來米粉1/2杯

Q15

可以補孩子腦、發育好的食物

作法：

1. 藥材分別泡水洗淨，瀝乾備用。
2. 鍋熱入油2杯燒至二分熟，入核桃仁以小火炸至淡金黃色，撈起待涼。
3. 果汁機入藥材及水1杯，以低速拌打約5分鐘即倒入鍋內，續入水4杯煮開，再入白糖煮溶後，以在來米粉水勾芡即可。

孕婦補腦

Q16
孕婦忘性大、變笨，可以補充哪些補腦的營養食物？

除了上述所說的核桃、杏仁、牛肉等，還有大豆卵磷脂、動物內臟、深海魚、蛋及含維他命B群如後腿瘦肉、糙米、堅果等，維他命C如柑橘、柳丁、芭樂和維他命E的食物如小麥胚芽、豆類、菠菜、蛋、甘藍菜，都是補腦、健腦佳品。這些食物在孕婦懷孕期中幾乎是常吃也常補充的食物，所以均衡的飲食，就是最好的補腦聖品。

國家圖書館出版品預行編目資料

LuLu's好孕瑜珈.產前篇 / LULU著--初版
--臺北市：趨勢文化出版，2007.09
面 ； 公分.--(Grace瘦美人 ； 2)
ISBN 978-986-82606-4-1(平裝附光碟片)

1.瑜珈

411.7 96017878

趨勢文化
出·版·有·限·公·司

GRACE 瘦美人02
LULU's 好孕瑜珈(產前先修班)
+ DVD獨家影音版

作　　者 — LuLu
發 行 人 — 馮淑婉
編　　輯 — 貓舌中華文字舖、曾　寧
出 版 協 力 — 施藍晶、阿奇
出 版 發 行 — 趨勢文化出版有限公司
台北市光復南路280巷23號4樓
電話◎8771-6611
傳真◎2776-1115

文 字 撰 寫 — LuLu、張子弘、selena
攝　　影 — 黃天仁、周禎和、莊崇賢、零伍一柒攝影工作室
梳 化 妝 — 林芳瀅
服裝配件提供— WOMEN SECRET、丹博娜、i.n.e、cantwo、SCOTTISH HOUSE、ohoh-mini、in the playground、Olive des Olive、巴西集品
美 術 設 計 — 林麗香
校　　稿 — LuLu、selena、阿奇文字工作室
DVD音樂提供— 黃露儀
初版一刷日期— 2007年9月30日
法 律 顧 問 — 永然聯合法律事務所

如有破損或裝禎錯誤，請寄回本社更換
讀者服務電話◎8771-6611#55
ISBN◎ 978-986-82606-4-1 (平裝附光碟片)
本書訂價◎新台幣 399 元　Printed in Taiwan
拍攝場地贊助提供：烏來璞石麗緻溫泉會館、
肯園SPA會館、富錦街攝影棚
DVD拍攝場地贊助：烏來璞石麗緻溫泉會館

張淳淳
教你30萬
買屋當富豪
理財富媽媽
1年賺100,000,000
的獲利筆記本
没有人敢這樣
公開、完整寫出自己所有的
獲利過程和買賣手法！
這本書能出版，真是得來不易，每個知道我要寫書的人，都笑我笨！大家都說，出版後我一定會是這本書的最大受害者！因為，我將我學到的、吃過虧的、獲過利的案子，全盤托出讓讀者明白，以後我要怎麼賺錢啊？但是，不管再多人阻止，我還是要寫出來，因為這對你很重要！我希望你能真正從貧窮中走出來，看到自己的改變將有多大！
喜歡嗎？媽媽買給你
希望全天下的父母，
都有能力許諾孩子一個幸福的家！
(遠雄集團董事長) 暨
信義房屋、永慶房屋、太平洋房屋、住商不動產、
中信房屋、21世紀不動產、有巢氏房屋
各大房仲集團全力聯名推薦！

好評熱賣中！

瑜珈天后
LuLu的瘦身美學
How to
Keep Shape & Build
Your Perfect ,
Sexy Body With
Yoga
胖公主變身3
LuLu
Queen of Sli
暢銷書作者
最新力作!!
瘦身·塑身聖經!
Lulu胖公主
變身記系列
Part 3
胖公主13年塑身心得總集×破

吳玟萱 著
黃天仁
知名攝影師背書保證
吳玟萱是"0修片！"美人！
無敵愛美神 3 美人道！
Awakening Beauty the Claudia Way
美容觀察家 之 生活體驗報告
愛美神從12歲開始當「人肉試驗機」
的美容・美妝・保養・購物・聖經！

亞洲廚皇到你家01

金牌總大將教你
關鍵的那一味

☑愛上廚房的第一本聖經

作者 小象師傅 Chang.c.c

超豪華附贈

★★★★★

外景示範DVD
全長3小時、180分鐘
共2集、14堂課
市價900元!!

亞洲廚皇在台灣!!

北京為2008年奧運暖身所舉辦、有「國際烹調大賽奧運會」之稱的『亞洲廚皇擂台賽』、他是唯一在競賽中打敗全亞洲200多名金牌廚師的台灣人!一個人獨得2面特金牌、榮獲「亞洲廚皇」封號的新台灣之光!!

國際獅子會 敦化獅子會會長
中華美食交流協會 理事長

國立高雄餐旅學院 助理教授

中華美食交流協會 副理事長

弘光科技大學 餐旅管理系教授

中華美食展籌委會 編輯組副召集人

聯合推薦